“十二五”国家重点图书出版规划项目
有色金属文库

羌塘中央隆起带壳幔结构及构造特征

CRUSTAL AND UPPER MANTLE STRUCTURE AND TECTONICS CHARACTERISTICS OF THE CENTRAL UPLIFT IN QIANGTANG TERRANE, TIBET PLATEAU

张智　徐涛　郭希
王敏玲　邹长桥　著

中南大學出版社
www.csupress.com.cn
·长沙·

内容简介

Introduction

青藏高原是由欧亚板块和印度板块在新生代时期碰撞而形成的，在形成与演化过程中经历了复杂的构造变形运动。位于青藏高原羌塘盆地腹地的羌塘中央隆起带夹于南北羌塘坳陷之间，是研究印度板块与欧亚板块碰撞及青藏高原形成与演化的关键部位。羌塘中央隆起(主要是指冈玛错、玛依岗日、查桑至西雅尔岗近东西向一线)位于羌塘地体中央的前侏罗系隆起区，并将其分为南北两个盆地。目前，地质科学家对羌塘中央隆起带构造属性认识还存在分歧。本书在综述羌塘中央隆起带的形成和演化相关科学问题的基础上，详细阐述了羌塘地体的地质背景和地球物理研究进展、地震层析成像基本原理和方法；并利用布置于青藏高原羌塘盆地的宽频带地震观测台站所记录的远震 P 波走时数据，应用 FMM 方法和 LSQR 反演算法进行层析成像研究，获得了羌塘中央隆起带下 200 km 深的地壳上地幔三维 P 波速度结构，给出了羌塘中央隆起带及邻区下方的深部结构特征；本书成果有利于重新认识青藏高原内部的块体组成、结构，有助于理解俯冲在青藏高原之下的印度板块岩石圈地幔的变形行为以及认识青藏高原的形成与演化的地球动力学过程。在此基础上，研究羌塘中央隆起带与南北两侧盆地间的接触关系，对于重新认识羌塘盆地物质结构特征以及解释青藏高原形成演化、高原隆升、深部过程效应等具有重要的科学意义。

本书包含地震体波走时成像方法的应用实例，可供地球深部结构成像相关领域的研究人员参考使用；同时，也可作为高等院校相关专业的教师、研究生和高年级本科生的教学参考用书。

作者简介

About the Author

张智　男，博士。1975 年 11 月出生于湖南衡阳，桂林理工大学教授、博士生导师，桂林地球物理学会理事。主要从事深部地球物理场正反演研究、地球壳幔精细结构地震层析成像、高信噪比和高分辨率地震资料处理技术等研究。近年来，先后主持国家自然科学基金项目 4 项，省部级基金项目 3 项。在国内外学术刊物发表论文 30 余篇，其中被 SCI 收录 10 余篇。

徐涛　男，博士。1978 年出生于安徽省枞阳县，中国科学院地质与地球物理研究所研究员，博士生导师。研究工作以地震观测为基础，完成了人工源深地震测深近 2000 km 剖面观测、宽频带流动台站逾 1000 km 剖面观测；发展了复杂地质模型的建模及地震射线追踪方法；将野外观测、方法创新、壳幔结构成像相结合，开展了中国典型构造域的人工源与天然源地震探测及壳幔精细结构成像工作。在青藏高原壳幔结构探测与成像、古老重大地质事件岩浆作用的地球物理探测与深部过程重建、板块俯冲与深源地震成因等方面取得了重要进展。近年来，先后主持国家自然科学优秀青年基金 1 项、国家重点研发计划“深地资源勘查开采”重点专项项目课题 1 项、国家自然科学基金 5 项、中国地质调查局项目 1 项。并参加了中国科学院战略先导性专项、国家自然基金创新群体、深部探测技术与试验研究专项（SinoProbe02，SinoProbe03）、国家重点基础研究发展计划项目（973）等多项基金项目。曾获第八届青藏高原青年科技奖（2011 年）、中国地质学会“2010 年度十大地质科技进展”（2011 年）、“2015 年度十大地质科技进展”（2016 年）。现已在国内外期刊发表论文 70 余篇，其中被 SCI 收录 30 余篇。

郭希 女，博士。1989 年 11 月出生于湖南湘潭，桂林理工大学讲师。2017 年毕业于中国科学院地质与地球物理研究所，获固体地球物理学专业博士学位，主要从事地球壳幔结构、环境噪声面波和接收函数成像研究。近年来，主持广西自然科学基金项目 1 项、广西科技计划项目 1 项、广西高校中青年教师基础能力提升项目 1 项。在国内外学术刊物发表论文 10 余篇，其中被 SCI 收录 3 篇。

前言

Foreword

青藏高原是国际地学界研究的理想实验场，涉及地球内部运行机制和过程、资源和生物环境效应等多个地学前沿领域。位于青藏高原羌塘盆地腹地的羌塘中央隆起带夹于南北羌塘坳陷之间，是研究印度板块与欧亚板块碰撞与青藏高原形成与演化的关键部位。羌塘中央隆起(主要是指冈玛错、玛依岗日、查桑至西雅尔岗近东西向一线)位于羌塘地体中央的前侏罗系隆起区，并将其分为南北两个盆地。目前，地质科学家对羌塘中央隆起带构造属性认识还存在分歧：一种观点认为中央隆起带是在伸展环境下形成的，羌塘盆地有着统一的基底；另一种观点认为其是一古特提斯缝合带，且南北羌塘具有各自的演化机制。羌塘盆地岩石圈结构特征以及构造变形记录了其动力学过程。因此，研究中央隆起带的深部结构及构造特征显得至关重要。为了揭示这一科学奥秘，国内外学者近年来利用地质考察、地球化学分析、地球物理等方法手段展开了研究。尽管取得了许多重要的成果，但因羌塘中央隆起带结构较为复杂，难以取得清晰的深部结构特征，而宽频带流动地震观测能够在区域构造尺度上给出较清晰的体效应证据。本书在综述与羌塘地体的形成和演化相关的科学问题的基础上，详细阐述了羌塘地体的地质背景和地球物理研究进展、地震学领域用于重建地球壳幔结构的地震走时层析成像的基本理论与方法；利用宽频带地震台站所记录的走时资料，并以 FMM 方法和 LSQR 反演算法作为技术手段，重建了羌塘中央隆起带壳幔速度结构。本书的成果对于重新认识羌塘盆地物质结构特征以及解释青藏高原形成演化、高原隆升、深部过程效应等具有重要的科学意义。

本书分为5章：第1章主要阐述涉及的关键科学问题和研究意义，回顾了羌塘中央隆起带地球物理研究进展，最后简单介绍本书的研究内容和结构安排；第2章简单介绍了地震层析成像的理论和方法，包括地震层析成像的发展历史、基本原理和远震体波的各种层析成像方法，并着重介绍由澳大利亚Nick Rawlinson开发的FMM射线追踪方法；第3章内容为数据预处理与反演模型的建立，主要对本项研究所用数据的来源、预处理及其反演模型的建立进行了论述；第4章主要为羌塘中央隆起带地壳上地幔速度结构的层析成像及构造解释，本章主要是应用层析成像的程序对远震P波的走时进行反演计算，并分别对层析成像反演结果的水平剖面和东西向、南北向的纵向剖面进行了相应的构造解释；第5章为结论与展望部分，本章简要总结本书所取得的主要结论与认识，并对研究中存在的问题和不足及下一步工作开展提出设想。

本书的研究工作得到了国家自然科学基金项目(41974048、41574078、41604039)、广西科技计划项目(桂科AD19110057、2018GXNSFAA138059、2018GXNSFBA050005、2016GXNSFBA380215、2016GXNSFBA380082)、广西高校中青年教师基础能力提升项目(2019KY0264)和广西有色金属隐伏矿床勘查及材料开发协同创新中心广西区“双一流”学科的联合资助。

在本书即将出版之际，衷心感谢多年来一直给予作者关心和支持的同事、朋友及学术同仁。中国地质科学院贺日政研究员、中国科学院地质与地球物理研究所田小波研究员、白志明副研究员、陈林副研究员对本书提出了许多宝贵的建议。

最后，感谢中南大学出版社编辑们的辛勤劳动！

本书源于科学研究，尽管经过数次的修改与讨论，但在内容的取舍上难免受个人理解的限制，也难免有不妥之处，敬请读者批评指正。

著 者

2020年3月

目录

Contents

第1章 绪 论

1.1 关键科学问题

青藏高原是由欧亚板块和印度板块在新生代时期碰撞而形成的[1,2]，在形成与演化过程中[3,4]经历了复杂的构造变形运动。自 Argand[5]研究青藏高原以来，在众多国内外科学家长期不懈努力和相互合作研究下，青藏高原研究已经取得突破性进展，而青藏高原的形成机制是什么[6]？尽管对这一问题有广泛的研究，但仍然存在许多不同的观点，特别是有关它的深部结构和构造特征。随着研究的深入，位于青藏高原腹地，南北介于班公怒江缝合带和金沙江缝合带之间的羌塘地体[2]对解释青藏高原形成演化、高原隆升有更重要的科学价值。

羌塘地体属于特提斯构造域东段中部[7]，三叠系和侏罗系在羌塘盆地内分布较广，是我国最大中新生代海相沉积盆地[8,9]，沉积厚度巨大[9~12]，且岩层变形剧烈，褶皱发育，具有良好的油气勘探前景[13]。关于羌塘地体内部的关键科学问题现阶段主要有以下几个方面：①对羌塘北部出露了整个高原形成时间最晚的藏北幔源火山岩的地球动力学成因研究[14,15,16]；②对羌塘地体内部发生的东西向伸展动力学背景的研究[17~19]；③对位于羌塘地体西部的中央隆起带(图1-1)性质及其成因的研究，这涉及青藏高原形成与演化的地球动力学过程以及陆-陆碰撞的地质响应。

位于青藏高原羌塘盆地腹地的羌塘中央隆起带夹于南北羌塘坳陷之间(图1-1)，是研究印度板块与欧亚板块碰撞与青藏高原形成与演化的关键部位。其内时代较老的变质岩近东西向出露于羌塘地体，中部的冈玛错、玛依岗日、查桑至西雅尔岗一线未出露中生界地层，是羌塘地体内发育最全、分布最广泛的海相沉积层系[9~11,20]，且横亘于盆地中央的前侏罗系隆起带(图1-1)[21,22]。在过去的数十年里，由于其恶劣的野外工作环境，研究程度相对较低，目前地质学家对羌塘中央隆起带的演化模式以及其性质与成因提出了完全相悖的两种观点。

一种观点认为羌塘中央隆起带是在伸展环境下形成的[9,21~28]。

如前泥盆系的变质杂岩[23]或晚古生代末期的陆间裂谷作用[23,24]，或者是在金沙江洋关闭时形成的增生楔[25]或变质核杂岩[26,27]。Kapp 等认为其是[26,28]大陆板块向南俯冲到羌塘地体下部引起的隆升和伸展剥离作用而形成的。王成善

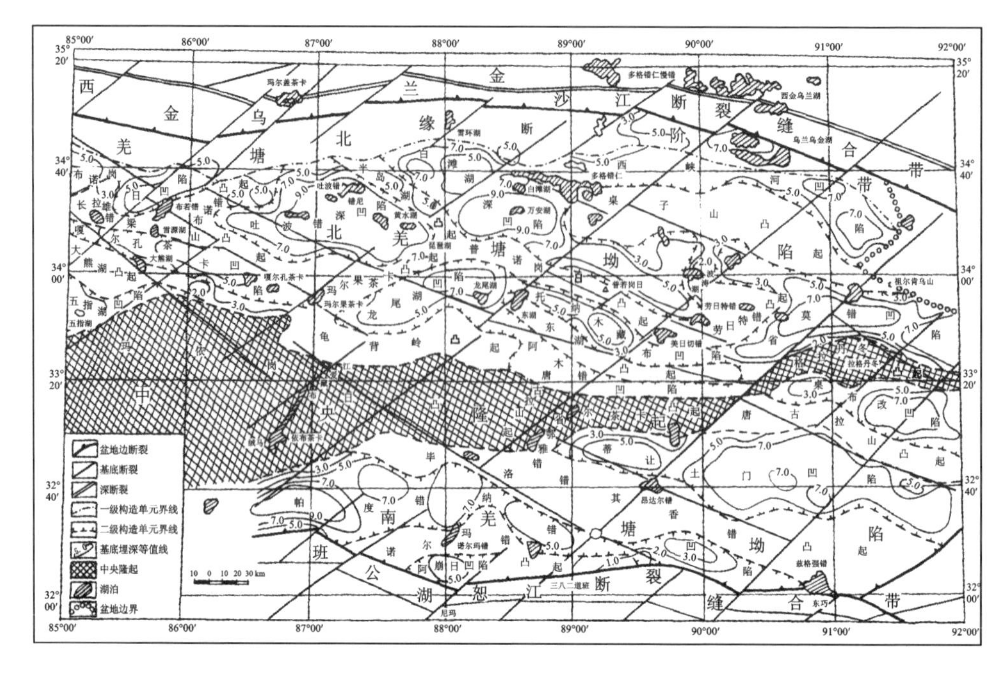

图 1－1 羌塘地体内构造单元及构造形迹展布图[21]

等[23, 24]认为中央隆起带是晚古生代末期的陆间裂谷作用后隆升的结果或者是在金沙江洋关闭时形成的增生楔，其带内出露的太古宙陆核和沉积序列分析表明，目前的羌塘构造格局在早白垩世已经形成。因此，带内的基性、超基性岩及玄武岩不能作为大洋壳存在的依据[24]，且中央隆起将羌塘盆地分为南北羌塘盆地或称南北羌塘凹陷[21, 24]，南北羌塘盆地有着统一的基底[21, 24, 27]。

另一种完全相反的观点则认为羌塘中央隆起带为一古特提斯缝合带[29~34]。支持这一观点的主要证据是：图 1－2 所示的基性超基性岩带内发现了高压低温环境下形成的蓝片岩带[29~40]和榴辉岩[30~32]，该带东西长约 400 km，改则—扎布(茶布)一带宽约 160 km，双湖嘎错一带宽约 30 km。此外，该带还是青藏高原内部一条重要的生物古地理界线，即冈瓦纳大陆的石炭－二叠纪冰海相地层越过了班公湖—怒江缝合带，但未穿越班公—怒江缝合带进入羌塘北部[24, 29, 33, 34, 39, 40]。经典板块构造理论[41]认为，高压低温变质带是板块构造接触带的主要象征之一，且其典型的接触产物就是蓝片岩带和榴辉岩。

热模拟结果[42]证实，产生蓝片岩和榴辉岩的适当环境只能存在于俯冲和相关的汇聚板块处。因而，李才等[29]认为中央隆起带是晚二叠世关闭时残留的混杂岩带[43]，羌塘中部的冈玛日—桃形错的蓝片岩源被认为是晚古生代冈瓦纳大陆和劳亚大陆间的古特提斯洋闭合的位置[29~34, 40, 44]，即古特提斯缝合带。榴辉

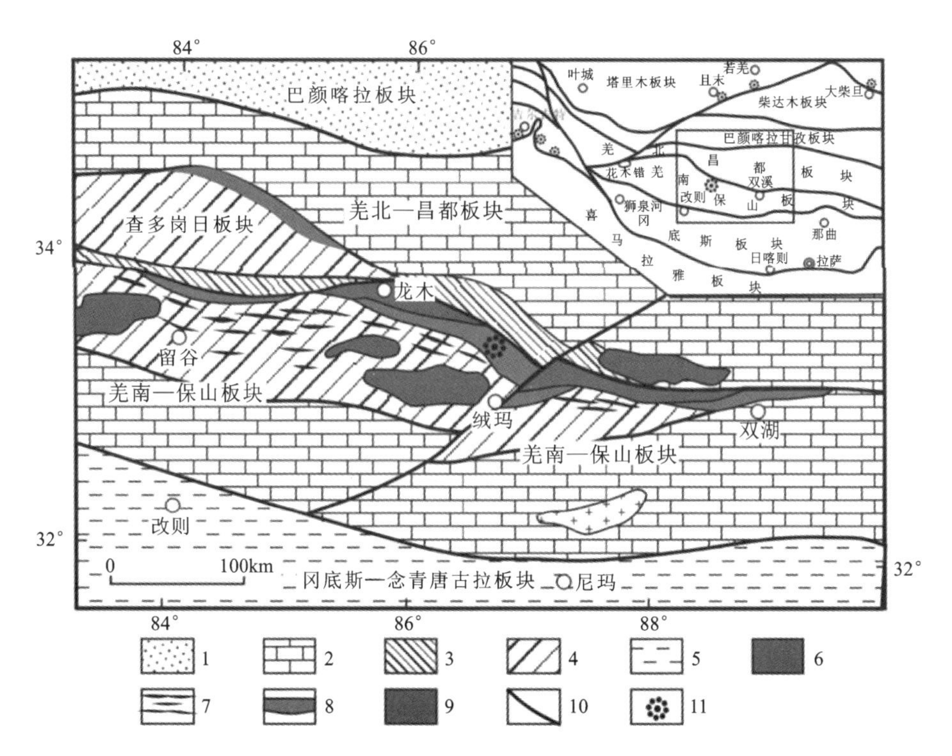

图 1-2 羌塘地体内高压低温变质带分布图[32]

1—巴颜喀拉复理石沉积；2—羌塘中生代沉积；3—羌北扬子型稳定地台型沉积；4—羌南冈瓦那型被动陆缘沉积；5—冈底斯中生代造山带；6—羌塘中部蛇绿岩及蛇绿混杂岩；7—基性岩墙群；8—蓝片岩带；9—花岗岩；10—板块缝合带；11—榴辉岩

岩和蓝片岩带内蓝闪石形成年龄[30, 33]显示，该缝合带的主碰撞时间为三叠世早期(约220Ma)，最终于三叠纪末形成。羌塘中央隆起在中泥盆世至早白垩世经历了大陆裂离—大洋化—碰撞闭合一个完整的威尔逊旋回演化过程[33]。显然，这种观点(图1-2)对传统的青藏高原块体组成和拼合形成的大地构造格局(图1-1)观点发出了挑战，传统上的羌塘地体[3, 4]被龙木错—双湖缝合带[29~34, 40, 44]分隔为两个演化机制和岩石圈尺度结构完全不同的构造单元的北南羌塘地体[32, 44]，即北羌塘地体(又称昌都地体或者羌北—昌都地体)和南羌塘地体(又称羌塘地体或者羌南—保山地体)[32, 44]，如图1-3所示。

这些分歧影响了对羌塘地体乃至整个青藏高原的形成和演化过程的研究。对于羌塘盆地基底性质的研究仍存在分歧，但羌塘中央隆起带的这两种演化模式在认识上也有相同之处。从早白垩世至今，尽管在此期间构造活动频繁而且强烈，但对羌塘盆地内现今的宽缓褶皱研究[45]表明羌塘地体处于整体抬升剥蚀和强烈

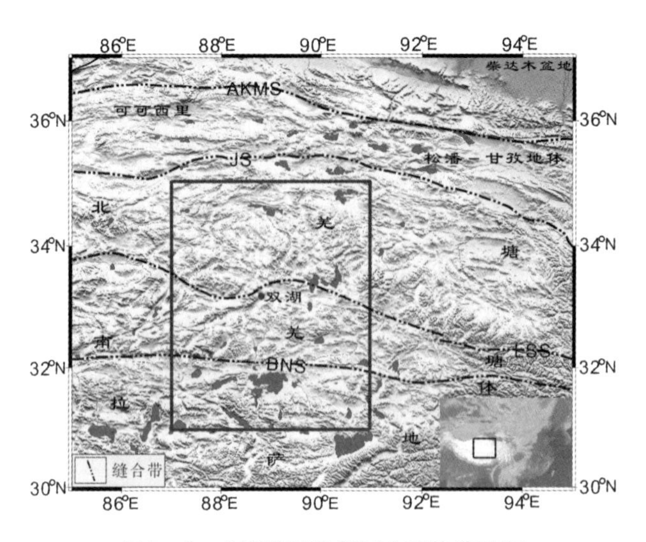

图 1-3　本研究区及邻区主要构造特征

（中国及邻区大地构造图根据任纪舜[4]修改）

褶皱变形的构造应力环境[21]。这表明不论哪种观点，虽然羌塘地体经历了新生代强烈的火山活动[46]和东西向伸展构造[17~19]等后期改造，但记录着羌塘中央隆起带形成过程的原始深部构造特征是否完好地保留下来仍有待研究，这就需要深化对羌塘地体的深部结构与构造特征的认识。显然，研究羌塘中央隆起带深部结构与构造特征是了解青藏高原形成与演化的地球动力学过程的关键。

中间矩形框为本项目研究区，BNS：班公—怒江缝合带；JS：金沙江缝合带；LSS：龙木错—双湖缝合带；AKMS：阿尼玛卿—昆仑—木孜塔格缝合带。

由于羌塘盆地属于特提斯构造域东段中部，巨厚的三叠系和侏罗系在羌塘盆地内广泛分布，是我国最大的中、新生代海相沉积盆地[9]，具有良好的油气勘探前景[47~51]。羌塘中央隆起带内出露地层显示，可作为良好生油岩的硅质岩、暗色薄层灰岩厚达数千米，与浅水型碳酸盐岩构成了垂向上的原始生、储、盖组合[9, 45, 47]。中央隆起带的这种原始生储盖早期控制作用和在后期的构造变形对油气保存具有重要意义，对有机质的热演化、盆地性质和基底组成等也起到一定的控制作用[9, 45]，与盆地的油气勘探具有密切的关系。因此羌塘中央隆起带与其南北两侧盆地间的构造接触关系是认识整个羌塘盆地发育与演化的一个重要窗口。

因此本书利用流动的宽频带地震台网记录到的地震波数据，运用远震 P 波层析成像获取了羌塘中央隆起带及其邻区的深部速度结构，并结合其他地球物理证据，了解该区域的深部结构并探讨构造特征。

1.2 研究意义

随着地震观测能力的提高，人们开始利用流动地震台网观测，从而提高了探测地下深部结构的分辨能力，以实现对典型构造区域的综合研究。关于羌塘中央隆起带的本质一直存在争议，所以通过天然地震观测实验来探测羌塘中央隆起带地壳上地幔的三维速度结构，有利于重新认识青藏高原内部的块体组成结构，有助于理解俯冲在青藏高原之下的印度板块岩石圈地幔的变形行为以及认识青藏高原形成与演化的地球动力学过程。在此基础上，研究羌塘中央隆起带与南北两侧盆地间的接触关系，更有利于人们重新认识羌塘盆地物质结构特征以及对羌塘油气资源的准确评价和战略评估。这也符合当前我国能源资源远景评价的国家战略政策。此外，开展这一重要的科学问题研究，我国学者具有得天独厚的地域优势，这是一项原始自主创新的科学探索研究，同时也面临着原创性研究的机遇与挑战，为我国未来的地壳探测工程奠定了良好基础。

1.3 国内外地球物理研究现状

为了研究羌塘盆地及其邻区地壳上地幔深部结构及构造特征，许多国内外地学工作者先后在羌塘盆地及邻区开展了重力、大地电磁、深地震反射及宽频带地震观测等地球物理调查研究工作，如最早于1980—1981年中法合作在青藏高原开展的亚东—格尔木和格尔木—额济纳旗两条大地电磁探测剖面；1987—1989年在亚东—格尔木地学断面开展的重力、磁力、大地电磁、大地热流等地球物理探测研究工作；1989年完成的新疆叶城—青藏狮泉河大地电磁探测、地磁测深、重力测量工作；1989年地质矿产部地球物理地球化学勘查研究所主编的1∶250万布格重力异常图；1993—1994年地质矿产部中南石油地质局承担的羌塘盆地的大地电磁测深工作；1994—1995年中石油天然气总公司完成的青藏地区高精度航磁测量工程项目；1994—1998年青藏项目经理部开展的油气勘探综合地球物理普查工作，在羌塘盆地部署了12条大地电磁测深剖面；1994—1999年中国科学院完成的三个湖—鲁谷—吉隆探测；1995—1997年青藏油气勘探项目；自1995年起中国地质大学(北京)在青藏高原共完成大地电磁探测剖面13条，这些剖面几乎覆盖了整个青藏高原，其中包括1995年亚东—雪古拉、达孜—巴木错及1999年那曲—格尔木大地电磁测深探测剖面；1998—1999年中国国土资源航空物探遥感中心在青藏高原中西部地区完成了1∶100万航磁概查；1998—1999年中美合作完成的INDEPTH-MT探测；1999—2006年中国地质调查局完成的青藏高原1∶100万重力调查工作；2001年国土资源部“十五”青藏高原专项研究计划项目完成的吉隆—措勤剖面及 2004 年教育部重大项目所完成的定日—措迈超宽频带大地电磁测深实验；2004 年中国国土资源航空物探遥感中心完成的“中国及其毗邻海域航空磁力 ΔT 异常图(1∶500 万)”项目；2003—2005 年中国地质调查局完成了青藏高原狮泉河—康西瓦地区 1∶100 万区域重力调查项目；2006 年中国地质大学开展了青藏高原西部扎达—泉水湖剖面的大地电磁探测研究工作；2006 年中国地质调查局进行了措勤—洞错 1∶5 万重力、磁力剖面测量；2007 年中国科学院察隅—清水河剖面大地电磁探测；2010—2012 年国土部深部探测技术实验与集成项目针对青藏高原复杂地质条件和深部物性特点进行大地电磁测深工作。又如 1991—1992 年中美合作的青海格尔木—青藏日喀则宽频带地震观测；1992 年中法合作的唐古拉山口—定日和 1993 年中法合作的唐古拉山口—锡铁山宽频带地震探测研究；1995—1996 年美国 Lehigh 大学开展的青藏高原西构造结项目；1998—1999 年中美德加合作的西藏德庆—龙尾错(INDEPTH - Ⅲ)宽频带地震观测项目；2001—2002 年中法合作的新疆叶城—青藏狮泉河宽频带地震探测研究；2001—2002 年中国科学院和中国地质科学院合作开展的措勤—萨噶—吉隆—聂拉木宽频带地震观测；2005—2008 年中国科学院青藏所沿西藏聂拉木—青海茫崖和西藏普兰—新疆明丰布置了两条宽频带地震探测剖面；2007 年美国伦斯勒理工学院在青藏高原西部布置了短期的地震观测；2007—2008 年中美合作开展的 ASCENT 计划项目；2008—2011 年中国地质科学院地质研究所在羌塘盆地完成的 TITAN - I 项目；2011 年至今中国地质科学院地质研究所实施的多格措仁—茫崖宽频带地震观测。主动源地震研究工作开始于 1977 年中国科学院的亚东—当雄深地震测深剖面探测；1980 年中法合作项目先后在藏北布置了若干深地震测深剖面；1992—2002 年中美合作(INDEPTH)完成的德庆—龙尾错宽角地震剖面；1994 年中国科学院完成的措勤—三个湖宽角反射剖面；1994—1999 年中国科学院完成的鲁谷—洞错宽角反射与折射地震测深；1995—1997 年青藏油气勘探项目实施的石油勘探工作；1997 年以来中石油在羌塘盆地实施了多条反射地震剖面；2004 年和 2006 年先后在南北羌塘盆地部署了总长约 110 km 的石油反射剖面；2004—2008 年国土资源油气专项进行了反射地震采集实验研究；2009 年 11 月—2010 年 5 月深部探测技术实验与集成项目在青藏高原腹地完成了色林错—多格错仁一条长达 310 km 深地震反射长剖面的探测实验；2011 年中石油在羌塘盆地开展的石油勘探剖面。

值得一提的是，这些工作主要是针对青藏高原多地体间拼合过程中深部结构特征以及羌塘盆地基底构造研究，使得人们对羌塘中央隆起带的深部结构及构造特征有了初步认识。截至目前，在羌塘盆地及邻区取得了以下丰硕成果：

1.3.1 大地电磁研究成果

新疆叶城—西藏狮泉河大地电磁测深[52]结果显示，地壳内有两个深度分别为10～35 km和30～60 km低阻层，上地幔有两个100～150 km和350～500 km的低阻层，板块缝合带是各构造单元的边界，且在深部明显。札达—泉水湖大地电磁探测[53]提供的依据表明，中下地壳普遍存在高导层，班公—怒江缝合带南北两侧电性结构存在明显差异，冈底斯地体内的地壳高导层呈北倾形态，南羌塘的地壳具有双高导层，而北羌塘有单一高导层。青藏高原西部吉隆—三个湖大地电磁测深[54～56]研究表明，该测区电性结构整体上表现出横向不均匀性，冈底斯地体的壳内双高导层和南羌塘块体壳内单高导层交替存在，且由南到北呈叠瓦状分布；班公—怒江湖缝合带存在明显的构造分界，中央隆起带与两侧盆地具有不同的电性结构特征，羌塘块体南部软流圈埋深最深达230 km。西藏羌塘盆地大地电磁测深研究[57]表明，南北羌塘深部电性结构上具有明显的电性差异，在南羌塘和班公—怒江缝合带有两个壳内高导层，在北羌塘一般只有一个壳内高导层，羌塘盆地的南北方向呈两坳夹一隆的电性特征，且呈西强东弱，羌塘盆地具有南北分带，东西分块的构造格局。鲁兵等[58, 59]利用青藏项目经理部实施的南北穿过羌塘盆地的12条大地电磁测深剖面研究表明，羌塘地区地壳的电性层可分为上、中、下层，中电性层在北羌塘平缓，厚度均匀，而在南羌塘此层连续性较差，埋藏深，中电性层为一连续的低阻层，厚度平均20 km左右，中央隆起带内电性结构特征在不同的位置，自西向东也存在差异。青藏高原亚东—格尔木地学断面岩石圈电性[60, 61]研究表明，青藏高原地壳高导层存在明显的横向非均匀性，青藏高原存在深度为15～25 km的壳内高导层，在羌塘盆地上地壳电阻率相对较低，壳内低阻层深度为20～25 km，壳幔高阻层电性稳定。魏文博等[62]利用INDEPTH－MT项目在西藏中、北部德庆—龙尾错(500线)和那曲—格尔木(600线)超宽频带大地电磁测深剖面研究结果表明，青藏高原中北部地壳中20～30 km深处较普遍分布着规模不等、相互不连通的高导体，中央隆起带为一明显的深大断裂，其与南北两侧电性结构存在明显的差异。

综合羌塘盆地及邻区大地电磁测深研究成果表明羌塘中央隆起带为一深大断裂，其两侧的现今电性结构差异明显，在南羌塘盆地有两个深度分别为10～25 km和40～70 km的壳内高导层，而在北羌塘盆地只有一个深度为10～30 km的壳内高导层。

1.3.2 重、磁研究成果

青藏高原布格重力异常利用匹配滤波方法[63～65]研究表明，龙木错—双湖缝合带在中、深部重力异常场具有明显的分界特征，其南北两侧的密度差异明显，而且是一明显的边界构造断裂带，藏北都显示巨大且平缓的低重力异常圈闭，这与藏北低 Pn 波和 Sn 波缺失[66, 67]的特征吻合。张省举等[68]完成的青藏高原中东部 1∶100 万区域重力调查成果显示，藏北显示大且平缓的低重力异常区，南北羌塘盆地的重力异常存在明显的差异[69]。

青藏高原及邻区的地壳磁异常特征分析[70]表明青藏高原正负磁异常都较弱，在中西部呈近东西走向，其分界与青藏高原岩石圈区域构造边界基本一致，羌塘中央隆起带南北两侧磁异常差异明显。藏北羌塘盆地高精度航磁异常分析[71]显示，中央隆起带表现为强磁异常特征[72]，羌塘盆地基底具有明显的块状结构特征[21]，且该中央隆起的地球物理场特征表现为重要的断裂构造形迹[63, 72, 73]。另外，贺日政等[64]利用匹配滤波方法分析青藏高原中西部航磁异常数据，结果显示青藏高原中西部地区的中、上地壳分界的最佳深度约为 19 km，在青藏高原中部存在一个区域性的北北东向负异常带[74]。

重力、磁力剖面研究成果[75~78]显示，南羌塘基底埋深浅，呈台阶状，且构造复杂，北羌塘埋深深，羌塘中央隆起带有明显的重磁异常显示，其与南北两侧盆地关系为逆冲，且南北两侧基底结构不同，在不同的部位其与两侧盆地接触关系不同。

对获得的重磁、大地电磁和地震等地球物理资料综合研究[56, 63, 72, 73, 79]揭示，北羌塘盆地异常平缓，南羌塘盆地异常起伏比较大，中央隆起带分界明显。

综合重、磁研究表明羌塘中央隆起带为一重要的构造边界带，其南北两侧异常差异明显。

1.3.3 人工地震探测研究成果

三个湖—吉隆综合剖面[56]的人工源地震测深剖面研究发现，地壳为明显的高低速相间的层状结构，龙木错—双湖缝合带为一深断裂带，在缝合带两侧地壳厚度和构造差异较大，在藏北高原中部发现地壳底部壳、幔混合带。INDEPTH - Ⅲ的广角地震反射资料[80]显示，羌塘中央隆起带两侧的地壳速度存在明显差异，南羌塘的结晶基底比北羌塘明显偏深。Zhang 等[81]利用青藏高原近 35 年的深地震测深剖面研究地壳结构后得出，南北羌塘盆地上地壳速度存在差异。青藏项目经理部实施的 880 线石油地震剖面(记录长度为双程走时 6 s)显示羌塘中央隆起带与两侧的盆地接触关系表现为半地堑结构形式的凹陷[82-85]。横过青藏高原羌塘中央隆起区的深反射地震实验获得的初步反射结构图像[83]显示，羌塘地体可能具有古老的结晶基底；羌塘中央隆起带内的深部结构与其南北两侧盆地接触关系有着不同，中央隆起区南北两侧的上地壳结构存在一定的差异；隆起区的上地壳浅部变形以逆冲和褶皱为主，下地壳出现北倾与南倾的“对冲”反射。卢占武等[84]通过收集并重新处理一条南北向横贯羌塘盆地主体的 270 km 长反射地震剖面，得出羌塘盆地可能具有元古代的基底，并且南羌塘盆地基底比北羌塘盆地基底深，在南北羌塘盆地地壳浅部（0～10 km）变形差异较大，北羌塘褶皱变形强烈，南羌塘则相对较平缓。

综合人工源地震探测研究表明，南北羌塘上地壳地震波速度存在明显差异，但由于羌塘盆地复杂的深部结构特征，还是无法给出准确的构造模型，且其深部结构属性暂时还不能获取。现有的羌塘地体的深部结构认识主要来自宽频带地震观测证据。

1.3.4 宽频带地震数据研究成果

（1）青藏高原北部羌塘地体及邻区构造特征。薛光琦等[86]对青藏高原西北部叶城—狮泉河剖面的天然地震数据应用体波层析成像研究表明，塔里木盆地以约45°的倾角向南俯冲到西昆仑造山带之下约300 km[87, 88]。贺日政等[89, 90]对横过塔里木—西昆仑的宽频带数据运用远震P波走时层析成像反演结果表明，南向俯冲的塔里木盆地岩石圈与北向俯冲的印度岩石圈地幔[91, 92]在西昆仑山下发生面对面的碰撞，这也证实了深反射地震[94]和接收函数[95]的结果。Wittlinger等[87]利用中法合作的唐古拉山口—锡铁山的宽频带数据进行层析成像反演，发现在藏北羌塘地体和松潘—甘孜地体之下存在一个大规模低速体，并推测这个低速体是来自深部的地幔热柱。苏伟等[96]收集CDSN、IRIS、GEOSCOPE等台网资料运用面波层析成像研究发现青藏高原北部34°N—37°N存在一大范围的低速体，青藏高原上地幔以班公—怒江缝合带为界，南部为高速冷的岩石圈上地幔而北部是低速热的岩石圈上地幔。裴顺平等[97]利用全国地震台网和区域地震台网Pn波到时数据，反演获得青藏高原北部地区具有较低的Pn波速度区，这与新生代火山岩区有较好的一致性。

（2）羌塘盆地及邻区地壳内的低速层。翟辰等[98]采用面波频散反演方法进行三维S波速度成像，结果显示整个青藏高原的下地壳大部分是低速区域，在青藏高原下方70～110 km处有一个北西西—南东东的低速区域，推断青藏高原地壳和上地幔顶部可能有一个残留的局部熔融。周兵等[99]利用瑞利波频散曲线和Tarantola - Backus面波频散层析成像方法反演青藏高原及邻区的速度结构显示，青藏高原北部的班公湖断裂和东部的三江断裂系为重要的分界线，是岩石层结构存在明显差异的重要接触部位。朱介寿等[100]采用频散分析及波形拟合反演方法对中国及相邻地区地壳上地幔进行三维层析成像的结果表明，青藏高原地壳呈低速分布。丁志峰等[101]利用体波和瑞利面波层析成像反演青藏高原地区三维地震波速度结构的结果显示，青藏高原北部地区的上地幔具有相对低的P波和S波速度，这是由于大陆碰撞后期，地壳逐渐冷却，俯冲对流导致深处热物质上涌，壳幔作用相对活跃，壳幔物质相互交融，温度升高，因此表现为地震波速度低，Sn

波不发育，青藏高原北部羌塘地区的下地壳和上地幔顶部相对速度较低[102, 103]。Yang 等[104]利用噪声成像反演青藏高原及邻区瑞利波速度结构的结果显示，青藏高原速度特征与构造分区相似，且青藏高原北部比南部速度低。Griffin 等[105]利用 Hi - CLIMB 项目中的区域地震的 P 波走时研究青藏高原岩石圈速度结构的结果显示，拉萨地体下的 Moho 深度超过了 73 km，班公—怒江缝合带以北的羌塘地体地壳比拉萨地体地壳薄[106]，且 Pn 速度为 7.8 ~ 7.9 km/s[107]。

(3)羌塘地体下印度岩石圈碰撞上地幔俯冲形态。钱辉等[108]利用 Hi - CLIMB 北段吉隆—鲁谷剖面宽频带地震数据层析成像的结果显示，印度板块俯冲到冈底斯地块下方并发生拆沉，印度板块的前锋深部呈现多期多级特征，并受到地幔热循环作用的影响，而羌塘中央隆起带南北两侧速度异常存在明显差异。Chen 等[109 ~ 111]根据横波双折射原理利用 Hi - CLIMB 探索了青藏高原中西部岩石圈结构，结果显示印度岩石圈地幔从喜马拉雅前北向俯冲 600 km 左右至羌塘地体下方约 33°N[109, 112, 113]。赵文津等[49, 50]分析 INDEPTH - Ⅲ地震层析速度结构后揭示，高速的印度岩石圈地幔分两层以不同角度向北伸展到羌塘的中部(33°N—34°N)。Tilmann 等[114]利用 INDEPTH - Ⅲ数据远震 P 波层析成像的研究显示印度板块岩石圈地幔北向俯冲到了班公湖—怒江缝合带(BNS)下并形成下降流，而北部的低速带则是其补偿的上升流，推测藏北出现的大量火山活动是其表现的结果。许志琴等[115, 116]通过中法合作和 INDEPTH - Ⅲ天然地震探测剖面数据地震层析成像获得青藏高原 400 km 深度范围内的地壳和地幔速度结构及地震各向异性特征，青藏高原各地体的厚度及地壳平均地震波速度特征反映了各地体的物质组成及结构差异，印度岩石圈的巨厚俯冲板块向北缓倾延伸至雅鲁藏布江以北 400 km 的唐古拉山之下；青藏高原腹地深地幔中存在的低速体是以大型低速异常体为特征的地幔羽，其可能通过热通道与大面积分布的可可西里新生代高钾碱性火山作用有成因联系。朱介寿等[100]分析地震面波层析成像的结果表明，印度岩石圈上地幔拆沉俯冲到青藏高原内部金沙江缝合带一线。周华伟等[117]根据一个用天然地震数据产生的全球波速模型，利用小波多尺度层析成像方法反演得出印度板块有可能以近水平状俯冲于整个青藏高原之下 165 ~ 260 km 深处，推论俯冲印度板块的升温上浮以及上覆软流层的存在是造成青藏高原抬升及内部地壳仍相对平坦的主要原因。Kumar 等[118]收集 INDEPTH 及 PASSCAL 项目数据并利用 P 波和 S 波接收函数的研究表明，印度岩石圈底部从喜马拉雅构造下 160 km 向北延伸到班公—怒江缝合带下 220 km 左右，亚洲岩石圈底部几乎水平位于藏北高原下 160 ~ 180 km 处。Zhao 等[119]收集中国科学院青藏高原研究所羚羊计划 - Ⅰ和羚羊计划 - Ⅱ项目、中法合作项目、中美合作的 INDEPTH 及 PASSCAL 项目宽频带地震数据并利用 P 波和 S 波接收函数技术获得青藏高原中、西部详细的壳幔结构，研究发现印度—亚洲板块的碰撞模型在东向发生变换，青藏高原下印度岩石圈和亚洲岩石圈之间的边界大致沿塔里木盆地西缘到喜马拉雅东构造结一线，从喜马拉雅东构造结到塔里木盆地的西缘印度岩石圈正在向青藏高原之下俯冲；在高原的北部和东部形成了一个特殊的岩石圈区域，它夹持于印度板块与亚洲板块之间，具有高温、低速、高 Sn 波衰减和较强的地震各向异性；青藏高原西部海拔较高，地形起伏强烈，可能由于此处具有较坚硬的岩石圈地幔的支持，而高原东部由于存在破碎区域，岩石圈较弱，地形相对平坦、较低；青藏高原的地壳缩短在高原南部通过印度地壳向亚洲地壳之下俯冲实现调节；在青藏高原北部为均匀的地壳增厚所吸收。郑洪伟等[120, 121]和 He 等[122]收集青藏高原内部已有的宽频带地震数据，并利用三维格点地震层析成像方法(TOMO3D)进行层析成像反演，结果表明印度岩石圈地幔在不同的位置向北俯冲的形态不同，且其俯冲前缘都到达羌塘地体之下；沿 88°E 剖面显示，在主边界逆冲断裂之下 100 km 深度处以约 22°的角度开始向北俯冲，俯冲最前缘到达羌塘地体的中部地区约 34°N，之后进入上地幔深处；而沿北东方向的剖面则显示，印度岩石圈地幔以近水平的角度俯冲到青藏高原之下，向北越过班公—怒江缝合带，到达 33°N 附近，然后以大角度近乎垂直地向下俯冲断离，并引起地幔热物质的上涌，形成羌塘地体之下大规模的低速带，且羌塘中央隆起带两侧的岩石圈速度结构特征存在明显差异。INDEPTH – Ⅲ测线的接收函数图像[123, 124]显示羌塘中央隆起带下的 Moho 面存在错断[83]，且北羌塘下的 Moho 面较南羌塘盆地下深。

综上所述，目前的综合地球物理研究成果显示，对于南北羌塘盆地的基底性质和结构有如下观点，重磁电等证据表明南羌塘基底浅、异常起伏大，北羌塘基底深、异常平缓；人工源地震证据显示南羌塘盆地基底比北羌塘深，北羌塘褶皱变形强烈，南羌塘平缓。由于不同的方法表现出来的基底构造及性质不一样，它们之间的差异还有待研究证明，而共同的观点认为羌塘中央隆起带南北两侧基底结构不同，在不同的部位其与两侧盆地接触关系不同。综合地球物理证据表明羌塘盆地及邻区地壳部分，南北羌塘盆地的物性结构存在明显差异，且羌塘中央隆起带具有明显的分界特征；而其地幔部分多数来自宽频带地震的证据显示为低速热的岩石圈上地幔。因羌塘中央隆起带东西延伸长而南北宽度变化较大，构造特征复杂等因素，很难用一条剖面详细揭示其深部构造与结构特征，需要综合目前尽可能多的地球物理深部结构、地球化学及构造地质资料来研究。由于目前已有地球物理证据还不足以刻划羌塘中央隆起带深部结构，因此本书利用宽频带流动地震台网记录到的地震波形数据，并结合其他地球物理数据获取其三维结构特征，研究其地壳上地幔结构与构造特征，揭示其与南北两侧的盆地间的接触关系。

1.4 研究内容

地震波层析成像技术作为地震学研究的一个重要分支，它是利用记录着地球内部结构丰富信息的波形数据，研究地球内部构造特征的最主要的技术手段[125]。因此，运用地震波层析成像技术研究羌塘中央隆起带及其邻区的三维速度结构特征是本书研究的重点和核心。

本项研究主要针对羌塘中央隆起带及邻区的天然地震的远震 P 波进行走时层析成像反演。因此，本项研究的简要步骤如下：利用中国地质科学院地质研究所布置在羌塘盆地的宽频带流动地震台网（TITAN - I 项目）于 2008 年 9 月至 2010 年 11 月所记录的地震波形数据，如图 1 - 4 所示，对原始的波形数据（一小时一个记录文件）进行解编得到以地震事件形式存放的 SAC 数据文件，然后利用 SAC 软件手动拾取 P 波走时，对震相报告则直接读取走时用于反演计算。数据准备完成之后，进行层析成像的反演计算。在不断地检验模型参数设置、初始速度、阻尼系数和迭代次数等参数，得到最佳的数值后，给出反演的速度扰动结果。

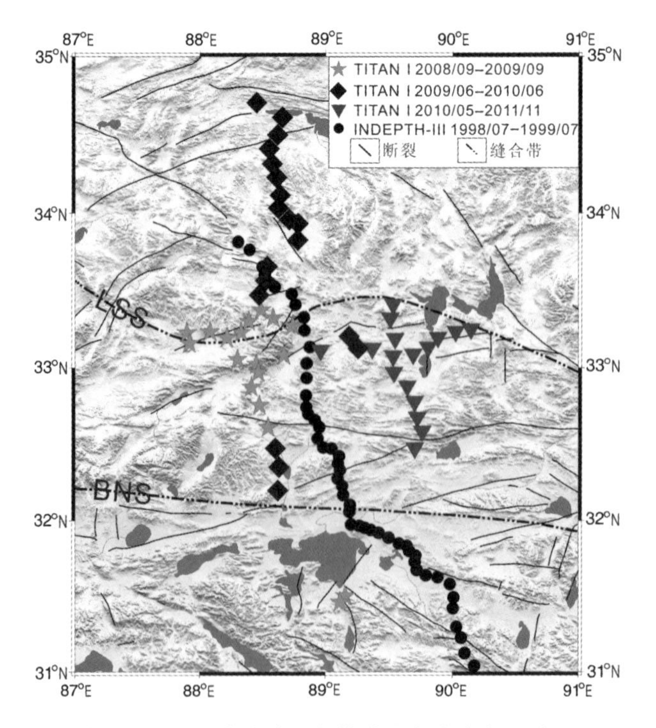

图 1 - 4　本项目研究区内流动宽频带地震台站分布（图例同图 1 - 1）

考虑到地球物理场解的非唯一性特征，本书将尽可能收集现有在羌塘盆地内完成的相关地球物理调查研究资料(深地震测深、人工反射地震、大地电磁等)和最新的地质、地球化学分析资料来约束分析和解释羌塘中央隆起带与其两侧的深部结构和构造特征及其相互关系。

基于上述目的和研究意义，本书分为以下章节：

第1章　绪论。阐述本项研究的选题依据和研究意义，回顾羌塘中央隆起带地球物理研究的进展，最后简单介绍本书的研究内容和结构安排。

第2章　地震层析成像的理论和方法。简要介绍地震层析成像的发展历史、基本原理和远震体波的各种层析成像方法，并着重介绍由澳大利亚 Nick Rawlinson 开发的 FMM 射线追踪方法。

第3章　数据预处理与反演模型的建立。本章主要对书中层析成像所用数据的来源预处理及其反演模型的建立进行论述。

第4章　羌塘中央隆起带壳幔速度结构的层析成像及构造解释。本章主要是应用层析成像的程序对远震 P 波的走时进行反演计算。并分别对层析成像反演结果做了水平剖面和东西向、南北向的纵向剖面的构造解释。

第5章　结论与展望。本章简明扼要地总结了本次研究过程中所得到的主要结论，指出了存在的问题，并对今后工作给出了一些建议。

第2章　地震层析成像理论和方法

本章以较容易理解的地震层析成像理论和方法，讲述地震学中体波走时层析成像的基本流程，并重点介绍本项研究所应用的方法。

2.1　地震层析成像基本原理

层析成像的理论基础[126]就是Radon变换定理。从物体内部图像重建的角度看，一张物体切片的图像是两个空间变量(x, y)的函数，称为图像函数，记为$f(x, y)$，用不同方向的入射波“照射”物体，所观测到的波场信息至少是入射波方向θ和观测点位置q两个变量的函数，称为投影函数，记为$F(q, \theta)$。1917年数学家Radon证明：已知所有入射角θ的投影函数$F(q, \theta)$可以恢复唯一的图像函数$f(x, y)$——Radon变换，即一个平面内沿着不同的直线（直线与原点的距离为q，方向角为θ）对$f(x, y)$做线积分，得到的象$F(q, \theta)$就是函数$f(x, y)$的Radon变换。基于射线理论的层析成像方法，为简单起见，本节在此仅简单介绍二维情况（详细请参见文献[126]），但许多概念、理论和方法均可以推广到三维或者更高维的情况。

地震波中的走时信息，从数学角度来看，就是平面上一个函数（慢度）沿射线的线积分。在地震体波走时层析成像中，已知的观测数据就是地震波体波的走时，而未知参数就是地震波在介质中传播过程的速度变量。假设在一个速度连续变化的介质中，地震射线的走时与速度有如下关系式：

$$t = \int_L \frac{1}{v(x)} \mathrm{d}L \tag{2-1}$$

式中：L为地震波传播路径，$v(x)$为与介质空间位置有关的速度函数，t为地震波走时。式(2-1)中的积分路径L是一个依赖于速度函数$v(x)$的传播路径，所以此式为一个非线性方程，这将会使反演过程中的计算变得较为困难。而地震层析成像中可用线性化方法求解此方程，即把走时与射线路径的关系用一个初始速度参考模型进行线性化，反演得到参考模型修正量，反演后在新模型里重新追踪射线路径，然后重复“反演-追踪”射线路径过程，直到新模型中的射线走时与观测走时相一致或者相差在一个给定的误差范围内。线性化方法被广泛应用于层析成像方法中，一般都假设从震源到台站接收点的射线路径不会因为每次反演后的速度修正量而明显变动。如给定一参考模型速度 $v_0(x)$，从而式(2－1)可写为：

$$t_0 = \int_{L_0} \frac{1}{v_0(x)} \mathrm{d}L \tag{2-2}$$

式中：L_0 为地震波在参考模型的传播路径，t_0 为沿路径 L_0 传播所用的时间。如果在参考速度 $v_0(x)$ 上加一速度扰动 Δv，即 $v(x) = v_0(x) + \Delta v$，那么地震波路径可表示为：$L = L_0 + \Delta L$，地震波走时表示为：$t = t_0 + \Delta t$。式(2－1)可改写成：

$$t_0 + \Delta t = \int_{L_0 + \Delta L} \frac{1}{v_0(x) + \Delta v} \mathrm{d}L \tag{2-3}$$

将上式中的 $\frac{1}{v_0(x) + \Delta v}$ 用级数展开：

$$\frac{1}{v_0(x) + \Delta v} = \frac{1}{v_0(x)} - \frac{\Delta v}{v_0^2(x)} + \frac{\Delta v^2}{v_0^3(x)} - \cdots \tag{2-4}$$

然后将式(2－4)代入式(2－3)中，并略去二阶以上的高阶项，得到下面的公式：

$$t_0 + \Delta t = \int_{L_0 + \Delta L} \left[\frac{1}{v_0(x)} - \frac{\Delta v}{v_0^2(x)} \right] \mathrm{d}L \tag{2-5}$$

假定参考模型中速度扰动 Δv 很小，在射线路径基本相同的情况下，式(2－5)可写为：

$$\begin{aligned} t_0 + \Delta t &= \int_{L_0 + \Delta L} \left[\frac{1}{v_0(x)} - \frac{\Delta v}{v_0^2(x)} \right] \mathrm{d}L \\ &= \int_{L_0} \left[\frac{1}{v_0(x)} - \frac{\Delta v}{v_0^2(x)} \right] \mathrm{d}L \\ &= \int_{L_0} \frac{1}{v_0(x)} \mathrm{d}L - \int_{L_0} \frac{\Delta v}{v_0^2(x)} \mathrm{d}L \end{aligned} \tag{2-6}$$

根据式(2－6)和式(2－2)可得出：

$$\Delta t = -\int_{L_0} \frac{\Delta v}{v_0^2(x)} \mathrm{d}L \tag{2-7}$$

定义慢度为：$s(x) = \frac{1}{v(x)}$，那么对两边求导可得：

$$\partial s(x) = -\frac{\partial v}{v_0^2(x)} \tag{2-8}$$

把式(2－1)和式(2－7)中的速度变量换成慢度变量，如下面公式所示：

$$t = \int_L s(x) \mathrm{d}L \tag{2-9}$$

$$\Delta t = \int_{L_0} \partial s(x) \mathrm{d}L \tag{2-10}$$

式(2－9)为近震层析成像基本公式，t 为观测走时，$s(x)$ 为慢度；式(2－10)

为远震层析成像基本公式，Δt 为相对走时残差，$\partial s(x)$ 为慢度扰动量。

在反演过程中，一般采用震源参数与速度参数联合反演。对于近震而言，第 i 个台站接收的第 j 个地震事件的实际走时 T_{ij}^{obs}，可由下面的走时方程表示：

$$T_{ij}^{obs} = T_{ij}^{cal} + \left(\frac{\partial T}{\partial \varphi}\right)_{ij} \Delta\varphi_j + \left(\frac{\partial T}{\partial \lambda}\right)_{ij} \Delta\lambda_j + \left(\frac{\partial T}{\partial h}\right)_{ij} \Delta h_j + \Delta T_{0j} + \sum \frac{\partial T}{\partial V_k}\Delta V_k + E_{ij} \tag{2-11}$$

式中：T_{ij}^{cal} 是通过全球模型所计算的理论走时；φ_j、λ_j、h_j、T_{0j} 分别是第 j 个地震事件的纬度、经度、震源深度及发震时刻；V_k 是第 k 个网格点的速度值；Δ 为参数扰动值；E_{ij} 为高阶扰动和观测误差。近震的走时残差为：

$$\Delta t_{ij} = T^{obs} - T^{cal} \tag{2-12}$$

区域震和近震的射线路径完全位于模型空间内部，应用三维射线追踪技术[127]追踪震源与地震接收台站之间的射线路径，并且计算理论走时 T^{cal} 和走时残差 Δt_{ij}。

对于远震而言，由于震源一侧远离台站部分的射线路径基本相同，只有靠近台站部分其射线路径才有明显差别，作为一级近似，射线远离台站部分对走时残差的贡献（包括震源位置和发震时刻的误差及脉冲初至未知的选择等影响），对同一地震是不随台站位置而变化的。相对走时残差理论是基于同一地震到达不同台站的地震射线的走时差，主要是由于台站下方区域内的速度异常引起的。如图2-1所示，这同时也是远震层析成像的一个基本假设。为了减少震源附近结构不均匀性的影响和震源参数误差，远震层析成像一般采用相对走时残差。

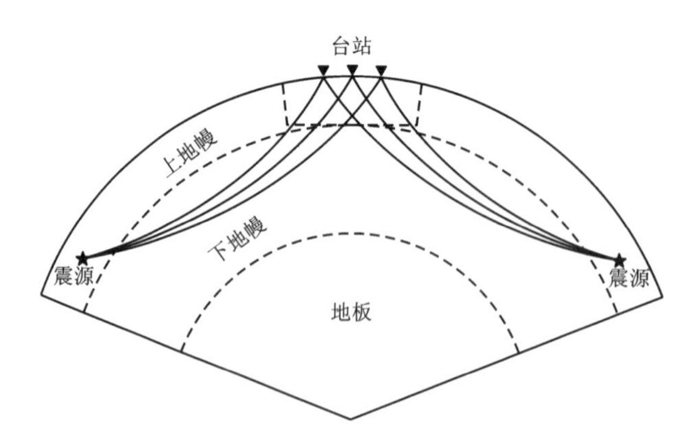

图2-1　远震层析成像射线示意图[128~130]

因此，首先用一维地球模型（AK135 等）[131]来确定震源与台站之间的远震射线，并查找射线与模型空间底界面之间的交点。然后通过式（2-12）计算出第 j 个

地震事件的相对走时残差(Δr_{ij})如下:

$$\Delta r_k = \Delta r_{ij} = \Delta t_{ij} - \frac{1}{n_j}\sum_{i=1}^{n_j} t_{ij} \tag{2-13}$$

式中: n_j 表示台站记录的第 j 个地震事件被记录到的地震台站总数。Δr_{ij} 就是用于远震层像成像的相对走时残差。对于同一台站记录到的所有远震的走时残差求平均得到远震走时的相对残差:

$$\Delta r^{\mathrm{s}} = \frac{1}{M}\sum_{k=1}^{M} \Delta r_k \tag{2-14}$$

式中: M 表示该台站记录到的所有地震事件总数。Δr^{s} 表示每个台站的平均相对走时残差。

上述两种走时残差(Δr_k, Δr^{s}) 组成了一个 N 维的列矢量 $\boldsymbol{d}$, 震源和介质参数组成的一个列矢量 $\boldsymbol{m}$, 可用下式表示:

$$\boldsymbol{m}^{\mathrm{T}} = (\Delta\varphi_1, \Delta\lambda_1, \Delta h_1, \Delta T_{01}, \cdots, \Delta\varphi_n, \Delta\lambda_n, \Delta h_n, \Delta T_{0n}, \Delta V_1, \cdots, \Delta V_k) \tag{2-15}$$

式中: k 表示介质参数的数目, n 是近震或区域震地震事件的数目。而所有的地震层析成像问题最终都可以归纳为一个与震源参数和介质参数有关的观测方程, 走时残差的列矢量与震源参数之间的关系可以由观测方程来表示:

$$\boldsymbol{d} = \boldsymbol{G}\boldsymbol{m} + \boldsymbol{e} \tag{2-16}$$

式中: $\boldsymbol{d}$、$\boldsymbol{m}$、$\boldsymbol{e}$ 分别为数据矢量、未知参数矢量、误差矢量。$\boldsymbol{G}$ 是稀疏矩阵, 它代表地震走时对震源和模型速度参数的偏导。而所有的层析成像方法都是围绕如何建立该方程和求解该方程而展开的。

计算走时对于模型速度参数求偏导, 采用 Thurber[132, 133] 的数值计算方法。计算走时对震源参数的偏导时, 采用 Engdahl and Lee[134] 的数值计算方法, 在球坐标下震源位置的偏导如下式所示:

$$\frac{\partial T}{\partial \varphi} = \frac{r\sin i\cos\alpha}{V} \tag{2-17}$$

对于观测方程组(2-16), $\boldsymbol{G}$ 一般是一个大型的稀疏病态矩阵, 非零元素百分比很少, 编程计算时把所有的元素都存储起来, 这很有可能会超出计算机内存的最大存储限制, 在实际计算中常把 $\boldsymbol{G}$ 矩阵的非零元素按行进行压缩存储[135~139], 这样既节省了存储空间, 又提高了矩阵运算效率。求解方程(2-16)常用的方法有最小阻尼二乘 QR 分解法——简写成 LSQR[135, 136, 140]、子空间迭代法[141~146] 及非线性反演[147~149] 等。本书使用 LSQR[135, 136] 算法来求解大型稀疏的观测方程。

2.2 地震层析成像发展简史与研究现状

由已知参数，根据一般原理(模型)以及相关条件(初始条件和边界条件等)推测和计算所观测的资料和数据，这一过程称为正演。例如根据弹性动力学定律，运用地震的震源参数根据地球模型计算地震射线的走时。因此，正演是由原因推测结果。

反演是相对正演而言的，也就是由结果推测原因。观测资料实为仪器所观测到的结果。地球物理反演则是通过对地面、地下、空间或者海洋上的观测资料(如地震数据、重力数据、地电及地磁数据等)进行计算分析，从而确定介质体的状态(包括形状、产状、空间位置等)和物性参数(如速度、密度、磁性、电性、弹性等)，从而获得地球内部介质体的二维或三维结构分布图像。地球物理学中的反演就是研究把地球物理学中的观测数据映射到相应的地球物理模型的理论和方法。作为反演学科中的一个分支，层析成像(tomography)源于希腊语 tomos，本意是断面或切片。所谓层析成像就是根据在物体外部观测到的数据建立和重现物体内部图像[137]。该技术最大特点就是在不损坏物体本身的条件下，探知物体内部结构的几何形态和物理参数分布[150]。在 20 世纪 60 年代初期，层析成像技术就已经开始用于医学 X 射线的 CT(X ray computerized tomography)领域。随着数学图像重建技术在天文学和电子显微学等方面的应用和发展，地学界借助于医学 CT 的思想，利用地震波的传播对地壳上地幔结构进行半定量研究，从此层析成像技术成为地球物理学研究中的一个新领域。

地震层析成像的主要目的就是确定地球内部的精细结构和局部不均匀性。地震层析成像作为地球物理反演的一种方法，它是利用地震波各种震相的走时、射线路径和分析波形、振幅、相位、频率等资料，进而反演有大量射线覆盖的地下介质的结构特征、速度异常分布及弹性参数等重要信息的一种地球物理方法[151]。地震层析成像需要重建的场，主要是地震波在地球介质中传播速度的扰动场，线积分的时间就是地震波走时，线积分的路径是地震波传播路径，观测量是走时残差。在高频近似下，地震波的传播路径可用射线追踪方法得到。地震层析成像方法按研究区域的尺度可分为全球、区域、局部层析成像；从介质模型上可分为一维、二维和三维成像方法；从震源上可分为被动源(即天然地震，主要用于大尺度深部横向不均匀性研究)和主动源地震法(即人工地震探测，主要用于研究局部浅层界面分布)；从地震波类型上可分为面波和体波(P 波，S 波)方法；从震中距上可分为近震、区域震和远震层析成像方法；从反演的物性参数上可分为速度、衰减(Q 值)和各向异性；从输入资料上可分为走时反演、振幅反演以及波场反演成像[126]。此外，还有联合反演方法，即由上述各方法相结合而成，如三维体波走时层析成像、三维面波走时层析成像等。在诸多方法中，目前被公认为较可靠的反演方法就是体波(P 波、S 波或 Ps 波等)走时层析成像方法。

基于射线理论的地震波走时层析成像方法的走时信息与其他信息相比简单通用，各种震相走时规律大体一致，具有高信噪比、而且技术方法比较成熟等特点。因此，利用记录的地震波体波走时信息重建地下介质速度结构特征及分布规律，就是所谓的地震波体波走时层析成像方法。本项目主要是研究体波走时层析成像，在下文中凡涉及“层析成像”，都是指走时层析成像。

最早的体波层析成像研究是 Aki 和 Lee[152] 及 Aki 等[153] 所做的区域尺度的层析成像。自从 1976 年 Aki 和 Lee 提出地震波体波走时层析成像技术以来，走时层析成像已成为研究地球深部结构最有力的方法之一。随之 Dziewonski 等[154 ~156] 进一步把该项技术应用到了全球尺度，现在已建立了大量的全球、区域及局部层析成像模型。但是，由于全球台网数量比较小且分布不均匀，全球层析成像模型的空间分辨率仍然较低[157]。另外，一些学者同时使用近震、区域震和远震层析成像联合反演[158 ~167]，从而发挥了近震和区域震层析成像在浅部构造上的优势和远震层析成像在深部构造上的优势，而且在模型浅部水平传播的近震射线和垂直传播的远震射线交叉比较好，从而大大提高了浅部的分辨率[159]。

另外，随着层析成像反演技术的应用，地震层析成像法得到了更大的改进和发展。如利用其他震相(如 Ps、PsP 等)可以提高速度异常结构的分辨率[134, 160, 164]。介质参数从早期研究中采用的五方块体[152] 变成了节点参数[133, 160]。赵大鹏等[159, 160] 提出一种能获得足够精度射线路径的算法，即应用斯奈尔定理和伪弯曲射线法联合处理模型界面。这种方法不仅对 P 波、S 波有效，且对转换波和反射波都有效。Sadeghi 等[168] 在此基础上使用遗传算法来处理模型界面。

自从 Aki 等[153] 的开创性工作以来，经过三十多年的发展，地震层析成像的理论和应用有了明显的进步。包括设置模型参数、射线追踪(正演)、反演、精度和误差分析(结果检测)，联合近震、区域震和远震数据，并把一些转换波、反射波等后序震相(如 Ps，pP，Pn，PmP，PKIKP 等)等都加入到地震层析成像反演[164] 中，使得反演结果更可靠。

2.3　地震走时层析成像方法简介

地震走时层析成像是研究地下速度结构最有效的方法之一。本节简单介绍远震体波走时层析成像方法，其基本原理就是拟合理论走时与实际走时确定模型参数。此方法主要有以下关键几步：第一是模型参数化；第二是射线追踪法(正演)；第三是反演；第四是分辨率及误差分析(验证结果)；第五是层析成像结果绘图。对近震层析成像过程基本一致，不过值得注意的是，由于震源定位误差的存在，在反演过程中有必要对震源参数重新进行定位。

1)模型参数化：地震层析成像的目的就是获得接近实际地下结构的模型，在成像前必须建立模型来描述地下结构。首先把研究区看作一个连续的介质体并进行离散化描述，通常模型参数化有两种途径来表达地球内部地层结构：一是全球方式模型(如 IASP91 等)，就是由少量参数定义的三维解析函数[154~156, 169]，全球方式模型的优点是由少量的模型参数确定最终的模型，这种模型参数化容易被研究者利用以及具有计算方面的优势；但缺点是很难描述小尺度的局部异常、模型边界不稳定、分辨率不够高，且观测方程组的稀疏矩阵非零元素占较大的比例，计算量非常大；另一途径是采用离散函数方式表示，即用块体[152, 153]或者格点[133]对模型进行参数化，这种方法能模拟小区域异常结构形态，且产生的大型稀疏矩阵便于计算。目前几乎所有的局部或者区域的体波层析成像研究都采用块体或者格点法。对于块体和格点的优缺点，请参考相关的参考文献。本书所采用的就是块体方法。

2)射线追踪：射线追踪方法是一种快速有效的波场近似计算方法，在给定速度模型、震源参数和台站位置的条件下，计算某震相地震波的射线路径及相应的走时。目前，射线追踪的方法很多，有以下几种：

(1)基于几何射线理论(斯奈尔定律)的弯曲法和打靶法[132, 170]。弯曲法是已知射线的起点和终点位置及连接两点的一条初始射线，打靶法是已知射线的起始点位置和给定的初始方向，通过扰动初始射线来计算真实的射线路径。打靶法和弯曲法都属于理论的射线追踪算法，地球物理学家和数学家对这两种算法提出了一种数值解法，但这两种算法的计算量太大不利于编程的实现，也很难将该技术应用到实际工作中。

(2)基于费马原理、惠更斯原理及图论的最短射线路径算法[171~175]。最短射线路径算法是以一系列的网格节点来描述介质模型，依据惠更斯原理，每个节点都可以看作一个子波源，以连接每个节点和子波源的短线段来逼近射线路径，从而寻找时间最小的路径作为最终的射线路径。Moser 等[171]对最短射线路径算法做了比较全面的研究，而王辉等[173]及赵爱华等[172]通过合理地选取子波源出射方向和出射路径上的速度，有效地改善了该算法的精度。

(3)基于程函方程波前扩散类的数值求解方法[176~181]。相对于传统的射线追踪方法，Vidale[176]首先提出一种基于网格计算和波前扩散原理的近似程函方程的有限差分计算走时，并通过有限差分方法解程函方程获得节点的走时。Sethian 等[182, 183]基于水平集算法发展了快速行进算法 FMM(fast marching method)，并将该算法引入地震波走时计算中，该算法快速、高效、稳定等特点是其他差分方程无法比拟的[143]。而地震学中的 FMM 射线追踪方法是从 Level Set 方法[182, 183]发展起来的。FMM 是一种通过求解非线性程函方程的数值解进而获得射线路径的射线追踪方法，程函方程是波前扩散的物理现象的数学表达式。该方法的核心思想是利用由节点组成的波前窄带模拟曲面的演化，通过有限差分格式和近似梯度项获得程函方程的弱解[128, 184]。目前，Sethian 等[182, 183]、Popovici 和 Sethian[185]用快速行进算法求解三维介质中的首波到时。Rawlinson 等[142, 144, 145]将 FMM 方法应用到层析成像的方法中，并研究澳大利亚的深部结构特征。在国内，郭彪等[184]也将该射线追踪方法应用到层析成像中，并研究川西龙门山及邻区地壳上地幔结构特征。

3）反演：通过正演计算，可以得到关于震源和介质参数的观测方程[式(2－16)]，反演的目的就是通过求解观测方程[式(2－16)]来获得模型参数。即在给定参数化初始模型下，计算理论走时并将其与实际观测走时比较，根据比较结果修改模型，再次计算走时并与观测值比较，如此反复计算和比较直至计算走时与观测值在设定的误差范围，最终所获得的实际模型就是反演所得的结果。体波层析成像的反演其实就是速度的反演，目前地震层析成像反演方法可以分两类：一是基于模型的完全非线性反演方法，它包括遗传算法、模拟退火法及神经网络等；另一种是基于算子的线性反演方法，它包括积分方程法，射线法，传递矩阵法(奇异值分解法－SVD，singular value decomposition)，反投影法(代数重建法－ART、联合迭代重建法－SIRT)，梯度法(最速下降法、牛顿法、共轭梯度法－CG、LSQR 法)等。目前类似共轭梯度法的 LSQR 算法[135, 136]具有数值稳定且能很好处理病态问题的优点，在求解稀疏矩阵时能充分利用矩阵稀疏性，不仅减少了计算量，而且还具有收敛速度更快、分辨率更高等优点。该方法现在已经被越来越多的研究者应用[159, 160]，并且被证明是求解大型稀疏矩阵较有效的算法之一。本书就是采用带阻尼的 LSQR 算法进行反演。

4）分辨率及误差分析：由于数据误差、地震射线采样、模型参数化、线性化算法等方面带来的影响，地球内部成像结果不一定全是真实速度结构的非均匀性。所以必须计算因素参数来正确评估解的可靠性。即在参考模型中根据真实数据进行射线追踪来计算合成数据，然后对这个合成数据进行反演，最后对反演结果和初始合成模型进行比较。最常用的方法是“checkerboard resolution test”(检测板分辨率测试)，其基本思想来源于 Humphreys 和 Clayton[186]。Leveque 等[187]指出 checkerboard resolution test(检测板分辨率测试)在一些情况下对中小尺度结构可以很好地进行分辨率分析，而对于较大尺度结构还存在一定问题。为避免该问题的出现，应采用各种不同间距的方块或格点进行测试，如地壳和地幔部分分别采用不同的间距。Zhao 等[160]提出了恢复分辨率测试(restoring resolution test)。本研究运用的就是检测板分辨率测试方法。

5)层析成像结果成图：采用 GMT(generic mapping tools) <http://gmt.soest.hawaii.edu/>软件对反演结果成图。

目前地震体波层析成像方法较常用的有 ACH 方法、Caltech 方法、TOMO3D 和 FMM 方法等。本书对这些方法的特点仅作简单描述。

2.3.1 ACH 方法

1)反演只能获得相对速度扰动值；

2)即便初始模型是最合适的参考模型，反演结果的最终模型并不依赖于初始模型(starting model)，但把模型的速度扰动转换成绝对速度时，最终模型更加依赖于初始模型；

3)对于块体参数化模型，射线交叉得越多，反演获得的模型越好；

4)对于远震走时层析成像而言，在地震射线足够多的情况下，可求解的模型深度近似等于地震台网口径的 1～1.5 倍；

5)对于最小可分辨的异常结构尺度，可以近似等于反演使用的地震波的波长或者台站间距，甚至更大一些，而对于短周期(1～5 Hz)远震 P 波，它的最大分辨率是 6 km 左右；

6)在计算中可以合并进行地震台站的高程和构造地质差异校正；

该方法目前还存在一定的缺点：①受个别误差较大的数据点的影响，反演结果存在较大的误差；②受模型参数化时模型块体划分的影响，如果模型内块体边界与速度界面不吻合，那么反演结果中高速异常体速度降低，低速异常体的速度反而会加大[49～51]。

2.3.2 Caltech 方法

该方法与 ACH 方法的特点基本上一样，如模型用块体进行离散化等。由于反演算法的近似性和简洁性，使许多小尺度的块体得到利用，最终反演所获得的模型受到“块体”的影响要比 ACH 方法小。通过使用配置更高的计算机，以及小尺度和光滑算法，该方法可以得到很好的光滑结果。

同样该方法也存在一定的缺点，即反演结果图像比较模糊，分辨率比较低，特别是沿着高密度射线的路径计算时。为了获得更好的反演结果，Humphyreys 和 Clayton[186]采用了两种去模糊技术：一是反褶积技术，另一个是迭代重建技术(SIRT)。迭代重建技术(SIRT)是一种迭代算法，就是将观测走时残差与从反演计算得到的走时残差结果代入反演公式进行计算，以及通过特殊块体的单位速度扰动把计算权重代入其他块体，最终的权重与传统反演中的矩阵非常相似，通过分辨率矩阵来评估反演质量[186]。

2.3.3　Tomo3d 方法

在该种方法中，将研究区域的三维模型进行网格离散化。如果该研究区有明显的速度间断面(如 Moho 面、Conrad 面等)且其深度变化已知，则可以把速度间断面加入模型中；或者在研究板块俯冲地区，也可以将俯冲板块的上边界引入模型中。模型内任意一点的速度值由包含该点在内的 8 个网格点上的速度线性插值获得[160]。Zhao 等[159]在原方法的基础上对该层析成像算法做了进一步改进，使其能利用近震、区域震及远震走时信息联合反演地球内部复杂结构问题。

Zhao 等[160]提出的层析成像方法思想源于 Aki 和 Lee[153]，经过不断改进，该方法也具有了自己独特的优点：

1)该方法可应用在具有复杂速度间断面且速度不断变化的复杂模型结构中；

2)采用伪弯曲射线追踪法，并加入了斯奈尔定律计算走时及射线路径；

3)采用 LSQR 方法进行反演计算；

4)通过迭代反演使非线性的问题转化为一般线性问题来求解，同时可以获得震源参数和速度结构；

5)可以利用多震相(P、S、Ps)的到时数据联合反演地球内部的结构，从而改进震源定位精度；

6)参数化模型时，每一层内设置一个独立的三维格点，模型中每一点的速度值由其周围 8 个格点的线性插值获得，每个不连续面都由 2D 格点或一个连续函数表示[159, 160]。

另外，本书使用的远震体波层析成像方法就是被当今地学界逐渐广泛使用的 FMM 射线追踪方法，该方法将在下一节叙述。

2.4　FMM 射线追踪方法介绍

本节简单介绍 FMM(fast marching method)方法中射线路径的求解过程，为了方便求解，在算法中引入一个数据链表来记录射线路径。另外，还引入一个与射线精度有关的方向参数，通过改变参数大小控制解的精度。

FMM 射线追踪方法是由 Level Set 方法[182, 183, 185]发展起来并应用到地震学中，该方法通过求解非线性程函方程的数值解从而获得射线路径，程函方程的数学表达式类似于地震波的传播过程，可用如下方程式表示[145]：

$$\left|\nabla_x T\right| = s(x) \tag{2-18}$$

式中：∇是梯度算子，T 是地震波走时，$s(x)$是与空间位置有关的慢度。

在球坐标系中用$(r,\ \theta,\ \phi)$表示一个点的坐标，假设在模型中$(r,\ \theta,\ \phi)$三个

方向分别划分成 l、m、n 个网格节点，如果将连续介质离散化成慢度为常数的小块体，那么每个网格节点均可以用 (i, j, k) 来表示它们的位置 $(i=1, 2, \cdots, l; j=1, 2, \cdots, m; k==1, 2, \cdots, n)$，对应的 $T_{i,j,k}$ 表示该节点 (i, j, k) 的走时，$s_{i,j,k}$ 表示节点 (i, j, k) 的慢度。那么公式(2－18)的差分数值解可用下式表示：

$$\begin{bmatrix} \max(D_a^{-r}T, \ -D_b^{+r}T, 0)^2 \\ +\max(D_c^{-\theta}T, \ -D_d^{+\theta}T, 0)^2 \\ +\max(D_e^{-\phi}T, \ -D_f^{+\phi}T, 0)^2 \end{bmatrix}_{i,j,k}^{\frac{1}{2}} = s_{i,j,k} \tag{2-19}$$

式中：a, b, c, d, e, f 为六个差分算子的阶数，a，c，e 为向后差分算子的阶数，b，d，f 为向前差分算子的阶数。

当 $a=c=e=1$ 时，算子 $D_a^{-r}T_{i,j,k}$，$D_c^{-\theta}T_{i,j,k}$，$D_e^{-\phi}T_{i,j,k}$ 的一阶形式为：

$$D_1^{-r}T_{i,j,k} = \frac{T_{i,j,k} - T_{i-1,j,k}}{\delta r}$$

$$D_1^{-\theta}T_{i,j,k} = \frac{T_{i,j,k} - T_{i-1,j,k}}{r_i\delta\theta}$$

$$D_1^{-\phi}T_{i,j,k} = \frac{T_{i,j,k} - T_{i,j,k-1}}{r_i\sin\theta_j\delta\phi} \tag{2-20}$$

当 $a=c=e=2$ 时，算子 $D_a^{-r}T_{i,j,k}$，$D_c^{-\theta}T_{i,j,k}$，$D_e^{-\phi}T_{i,j,k}$ 的二阶形式为：

$$D_2^{-r}T_{i,j,k} = \frac{3T_{i,j,k} - 4T_{i-1,j,k} + T_{i-2,j,k}}{2\delta r}$$

$$D_2^{-\theta}T_{i,j,k} = \frac{3T_{i,j,k} - 4T_{i,j-1,k} + T_{i,j-2,k}}{2r_i\delta\theta}$$

$$D_2^{-\phi}T_{i,j,k} = \frac{3T_{i,j,k} - 4T_{i,j,k-1} + T_{i,j,k-2}}{2r_i\sin\theta_j\delta\phi} \tag{2-21}$$

式中：δr，$\delta\theta$，$\delta\phi$ 为差分步长，r_i 和 θ_j 分别代表该节点 (i, j, k) 所在位置的半径和余纬。由于地震波总是从震源向外扩散传播，所以在进行射线追踪时一般用到公式(2－21)中的向后差分算子 $D_a^{-r}T_{i,j,k}$，$D_c^{-\theta}T_{i,j,k}$，$D_e^{-\phi}T_{i,j,k}$，而且二阶差分算子 $(D_2^{-r}T_{i,j,k}$，$D_2^{-\theta}T_{i,j,k}$，$D_2^{-\phi}T_{i,j,k})$ 用得较多。

用时间场的梯度求射线路径时对梯度步长的要求比较高，如果梯度步长过大，导致获得的射线路径误差较大，而步长过小，计算量则会非常大且很难实现；而且该方法比较适用于射线路径曲率变化较小的情形(如远震层析成像)。时间场梯度求射线路径的基本思想就是射线沿着时间场梯度增加的方向传播(即射线路径垂直于等时线)。如图 2－2 所示，从初始射线 oa 开始，a 点的时间梯度为 $\frac{T_a - T_o}{|oa|} > 0$，取 a 点步长为 $|ab|$，使 $|ab|$ 垂直于 a 点的等时线并指向梯度增加(即

时间梯度 >0)的方向，从而获得射线路径上的 b 点；在 b 点时间梯度为$\frac{T_b - T_a}{|ab|}>0$，取 b 点步长为$|bc|$，且$|bc|$垂直 b 点获得射线路径上的 c 点；在 c 点时间梯度为$\frac{T_c - T_b}{|bc|}<0$，同理在 c 点取步长$|cd|$，由于 c 点的时间梯度为负值，此时射线折向左行进，得到射线路径上的 d，同理可获得如图 2－2 所示的 $o\rightarrow a\rightarrow b\rightarrow c\rightarrow d\rightarrow e\rightarrow\cdots$路径，而真实的射线路径在 b 点应该向 b'方向，所以真实路径与用时间场梯度获得的射线路径存在较大的偏差。这是由于离散计算时采用的步长不当而引起的，也是该方法的局限性所在。

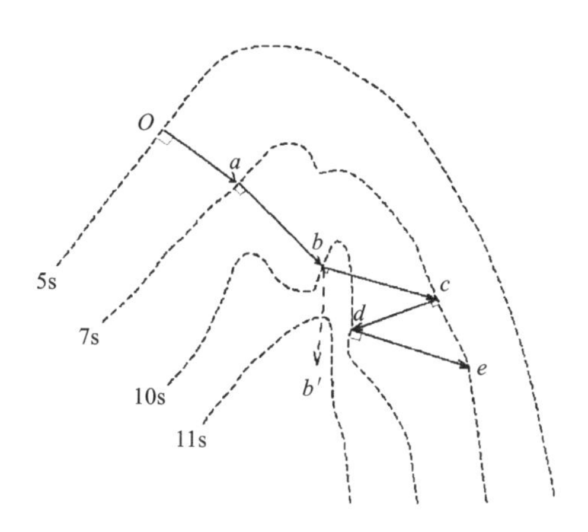

图 2－2　时间场梯度求射线路径示意图

黑色虚线代表不同时间场等时线

为了克服因梯度法求射线路径而带来的局限性，张风雪等[128, 130]对 FMM 方法的射线路径求解过程进行了改进，在算法中引入了一个数据链表用来记录射线路径，方便了射线路径的求解过程，另外还引入了一个与射线精度有关的方向参数，通过更改方向参数的大小可以有效地改善解的精度，张风雪等[130]利用一些理论模型对 FMM 方法的正演和反演计算做了若干验证。本书运用张风雪等[128, 130]改进后的 FMM 方法进行射线追踪。

在介绍改进的 FMM 射线追踪方法前，先简单介绍几个术语，如图 2－3 所示的网格区域(参考全球的 AK135 模型)划分为上风区(upwind)、窄带区(narrow band)、下风区(downwind)三个区域[145, 146]。网格节点上黑色实心点为活动点(alive points)，灰色空心点为邻近点(close points)，白色空心点为远离点(far points)。从图 2－3 中可以看出网格节点与网格区域划分的关系：活动点对应上风区，邻近点对应窄带区，远离点对应下风区。

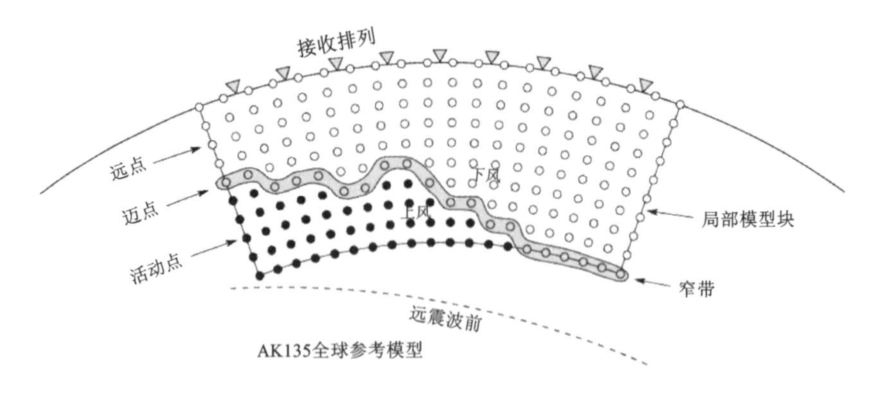

图 2－3　表示计算走时方法的网格区域和网格节点分布示意图

黑色区域是上风区域；灰色区域是窄带区域；空白区域是下风区域. 节点上有实心圈的是活动点；节点上有空心圈的是邻近点；节点上无标记的是远离点[145, 146]。

FMM 射线追踪的整个过程如图 2－4 所示，在求时间场的整个过程中用数据链表 Q 来记录走时信息以及每个节点及其所对应次级源节点的位置，另外还可以用向源检索的方法求取任意节点的射线路径。用坐标(x, y)表示二维网格节点位置，射线追踪过程简要概括为如下四步：

第一步：在图 2－4(a) 中，假设节点(3, 3)为一激发点源，并且从激发时刻开始计时，显然节点(3, 3)处的时间为 0，用向后差分计算节点(3, 3)周围八个节点(2, 2)，(3, 2)，(4, 2)，(2, 3)，(4, 3)，(2, 4)，(3, 4)，(4, 4)的波动到时，同时节点(3, 3)作为这八个节点的次级源，并用一个数据链表 Q 记录全部活动点和邻近点。此时网格中有三种类型的节点，节点(3, 3)为活动点，如图 2－4(a)所示用实心圆圈表示(下同)；节点(2, 2)，(3, 2)，(4, 2)，(2, 3)，(4, 3)，(2, 4)，(3, 4)，(4, 4)为邻近点，如图 2－4(a)所示用空心圆圈表示(下同)；网格中的其余节点为远离点，三种节点所在的区域与三种类型的区域是一一相对

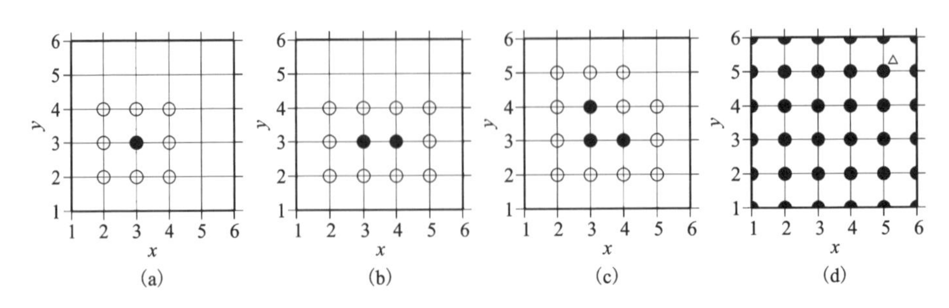

图 2－4　FMM 射线追踪步骤示意图[128]

应的。

第二步：在图 2 -4(b)中，从第一步的邻近点(2，2)，(3，2)，(4，2)，(2，3)，(4，3)，(2，4)，(3，4)，(4，4)中选取一个最小走时的节点，假设这个节点是(4，3)并标记为活动点，然后用向后差分计算节点(4，3)周围非上风区域的七个节点(3，2)，(3，4)，(4，2)，(4，4)，(5，2)，(5，3)，(5，4)的走时，并将其标记为邻近点，此时这 7 个邻近点的次级源节点为(4，3)，记录所有节点到数据链表 Q 中。考虑到激发波是向外扩散传播的，向后差分计算走时时，只需计算这 7 个邻近点的走时值即可。另外，此步中的邻近点(3，2)，(3，4)，(4，2)，(4，4)这四个节点走时已经在第一步中获取，而此步又计算了一个走时，根据费马原理应该选取每个节点的最小时间值作为新的走时。如果窄带区域内邻近节点的走时发生了改变，那么相应的数据链表 Q 所指的位置也要发生相应的变化。图 2 -4(b)与图 2 -4(a)相比上风区在扩大，下风区在缩小。

第三步：在图 2 -4(c)中，继续重复第二步的过程，从第二步的邻近点(3，2)，(3，4)，(4，2)，(4，4)，(5，2)，(5，3)，(5，4)中假设节点(3，4)为最小走时的节点，标记该节点为活动点，然后用向后差分计算节点(3，4)周围非上风区的六个节点(2，3)，(3，5)，(2，4)，(4，4)，(2，5)，(4，5)的走时，并标记该六个节点为邻近点，记录到数据链表 Q 中。节点(2，3)，(2，4)，(4，4)在此步骤中同样计算了一次走时，也需要做比较，选择该节点的最小走时值。如果窄带区邻近点走时发生变化，数据链表 Q 所记录的节点位置也相应改变。

第四步：继续重复第三步过程，直到网格内所有网格节点全部标记为活动点。如图 2 -4(d)所示，此时整个网格中的时间场已经全部获得。在图 2 -4(d)中假设节点(5，5)附近有一个接收点(图中用三角形表示)，那么这个接收点所记录到的走时可用该点周围四个节点的走时插值获得，同时也可从数据链表 Q 中用向源点检索的方法求的射线路径。

如果根据上述步骤求得射线路径，那么该射线路径为折线且与实际的传播路径不一致，同时所获得的走时信息也会存在很大差异。另外，由于在实际中每个激发点发出的射线数目和方向都是无限的，而在离散计算时所用的射线出射方向假设是有限的，这样就导致了计算后射线路径和走时与实际情况存在一定的偏差。为了避免这种情况，在这里引入一个射线出射方向参数 n(n 为自然数)，如图 2 -5 所示。在图 2 -5 中黑色实心点仍表示活动点，空心点表示邻近点，箭头线表示射线的出射方向。在图 2 -5(a)中射线方向参数 $n=1$，射线数目则为 8；图 2 -5(b)中射线方向参数 $n=2$，射线数目则为 16；图 2 -5(c)中射线方向参数 $n=3$，射线数目为 32。在上述第一步至第四步中，为了简述方便，采用的射线方向参数 $n=1$，当方向参数 $n>1$ 时，走时与射线路径的求解过程与 $n=1$ 时类似。在计算中方向参数 n 不仅控制着射线路径和走时信息的精确度，而且影响射线追踪时的

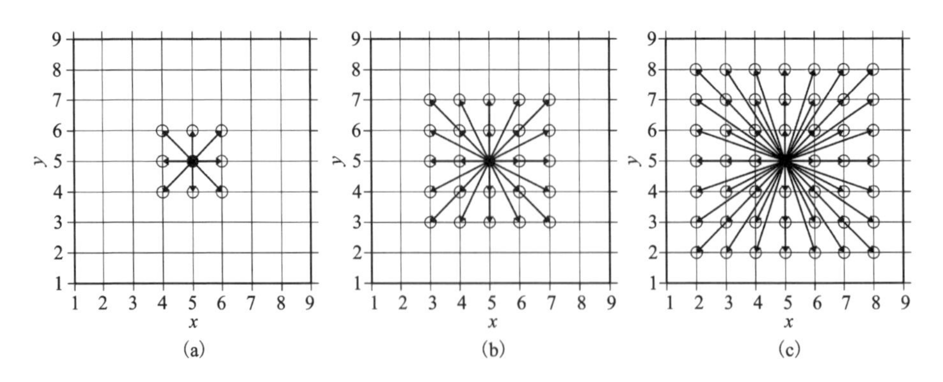

图 2－5　射线出射方向参数[128]

(a)射线出射方向参数 $n=1$；(b)射线出射方向参数 $n=2$；(c)射线出射方向参数 $n=3$

计算量。表 2－1 列出了方向参数与射线数目之间的关系。

表 2－1　方向参数与射线数目的关系[128]

方向参数	射线数目	方向参数	射线数目
1	8	11	336
2	16	12	368
3	32	13	464
4	48	14	512
5	80	15	576
6	96	46	640
7	144	17	768
8	176	18	816
9	224	19	960
10	256	20	1024

从表 2－1 可以看出，方向参数 n 与射线数目呈非线性增加关系，随之计算量也将增加，从而所求得的射线路径和走时精度将大大提高。为了获取解的精度，并不是方向参数取得越大越好，方向参数越大，在求解过程中排序比较计算步骤将越多，从而影响求解效率。因此，本方法在窄带区中搜索最小走时节点时，采用二叉树排序算法[171]，这样大大提高了求解效率。

上述过程是在二维空间下对 FMM 射线追踪方法做的一个简要的叙述，同理也可以推广到三维空间中，本书就不再做详细阐述。

相对传统的基于 Snell 定律的射线追踪方法，该方法具有以下特点：①可以得到反演模型空间中所有节点的完整走时场；②在多震源和多接收点的情况下，计算效率比较高，获得的走时更准确；③在复杂介质中能收敛获得真实的射线路径；④网格方法计算可以得到连续介质中最快速的走时路径。

第3章 数据预处理与反演模型建立

走时数据的准备是地震体波层析成像走时反演研究中最基本也是最重要的工作之一，它与反演结果的质量直接相关。而反演模型是建立在前人已有的研究成果之上的，充分利用已有成果，建立合理的参考模型是层析成像反演结果真实且行之有效的保证。

3.1 数据来源

对地震层析成像而言，数据采集的原则是：在使投影数据尽可能完全的前提下，确保对研究目标层析成像的分辨率。完全的投影数据指的是探测区域内每一个像元都有从0°至180°的多条射线通过。然而在实际工作中，这样的条件是难以满足的。因此，应该尽可能多地收集来自不同角度的地震射线来确保层析成像反演结果的真实性和可靠性。

在多方资助下，中国地质科学院地质研究所开展了 TITAN - I 项目(图 1 - 4)，本书就是利用的该项目在 2008 年 9 月至 2010 年 11 月间所记录的地震事件资料。这 54 套流动地震台站采用的全是英国 GURALP 公司生产的 CMG - 3ESP_60s 的地震计(输出信号频带为 60 ~ 0.02 s)和美国 REFTEK - 130 - 1 数据采集器(频带宽度为 0.02 ~ 120 s)，此套流动地震台普遍具有带宽、大动态、不失真、低功耗和便携式等特点。该套仪器针对性的设计保障了在青藏高原羌塘无人区极端恶劣条件下仪器还能正常工作，其中一台仪器的工作状态如图 3 - 1 所示，其为 9FAA 数据采集器在 2009 年 09 月 30 日的状况，表明该仪器电压、温度，GPS 等正常，仪器工作稳定。根据野外环境的不同，在本研究区内野外布台工作考虑得比较周全，流动台站的仪器状态 90% 以上都正常，因而所获得的数据质量比较高。

结合研究区的构造地质特点和研究目标，基于便携式宽频带地震仪的灵活性等特点，本次研究中采用了线性观测系统。对于仪器数据采集器的数据记录采用连续记录方式，采样频率设为 50 Hz，台站定位和记录器授时服务采用 GPS 系统。流动台站的间距为 10 km 左右，另外为了更好地了解羌塘中央隆起带的深部结构特点及构造特征，在羌塘中央隆起带内对宽频带地震观测台站进行了适当的加密处理，如图 1 - 4 所示。

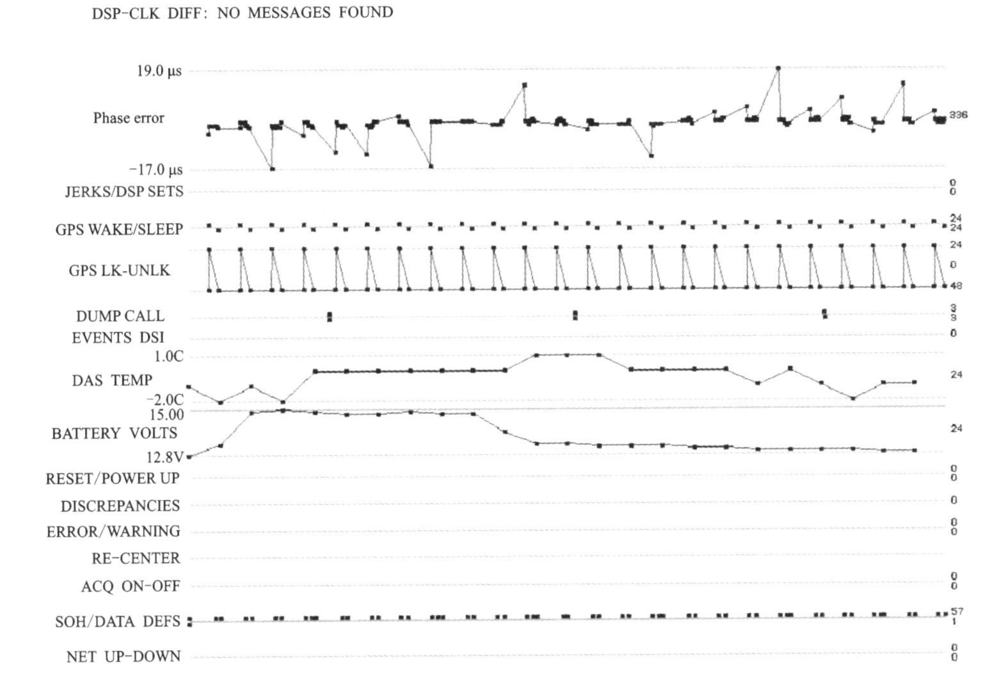

图 3－1 9FAA 台站的 REFTEK－130－1 数据采集器所记录 2009－09－30 的仪器状态

3.2 走时数据预处理

3.2.1 原始数据解编

由于 REFTEK－130－1 数据采集器所采集的原始数据是以一个小时的数据记录存放在一个文件中，为了便于拾取地震走时，需要对原始数据进行解编。在数据解编过程中，对台站位置参数(经度、纬度、高程)进行了月平均处理，同时考虑了 GPS 的高程与地震计之间的高差。通过处理后的台站信息记录如表 3－1 所示。

为了减少个别误差大的事件数据的影响，需严格检查数据并删除个别台站与邻近台站所记录的同一地震事件的走时之间有较大差异的事件数据。对于地震事件的选取遵循以下基本原则：本项目研究的这些远震事件 Ms 震级满足不小于 5.5 级，以确保地震波到达台站时信号足够强，从而使得台站所记录的波形具有较高的信噪比。另外，震中距在30°和90°之间(这样尽可能避免核幔边界和下地幔中的复杂构造对地震波走时的影响)。震源深度不小于10 km，地震事件的震源参数源自美国地质调查局(USGS：http：//www. usgs. gov/)。每个地震事件至少被5个台站接受，以减少“异常到时”对挑选数据的影响。经过上述筛选后，共挑选出506个地震事件的9532条远震P波到时数据(图3－2)。从图3－2可以看出，本书研究的地震事件多来自西太平洋沿岸，以及各板块交界处，空间覆盖范围良好。

表3－1 TITAN－I项目的台站参数

序号	台站名	经度	纬度	高程/km	序号	台站名	经度	纬度	高程/km
1	C008	88.4933	33.3735	5.030	28	EQT22	90.1473	33.2502	5.136
2	C009	88.3933	33.3001	4.929	29	NQT04	89.2574	33.1247	4.953
3	COIO	88.5885	33.3201	5.142	30	NQT06	89.1866	33.204	4.923
4	COlI	88.3312	33.2276	4.869	31	NQT08	88.478	33.4701	5.157
5	C012	88.0831	33.2324	4.849	32	NQTlO	88.5262	33.5637	5.121
6	C013	88.2154	33.1936	4.916	33	NQT13	88.5478	32.61	5.045
7	C015	88.3025	33.0531	5.012	34	NQTl2	88.5418	33.656	5.037
8	C016	88.4546	33.0214	5.033	35	NQTl4	88.7815	33.8265	5.142
9	C017	88.4707	32.9701	4.931	36	NQT16	88.7847	33.9332	5.184
lO	C018	88.4163	32.8731	4.887	37	NQTl8	88.7149	33.9577	5.124
ll	C019	88.4807	32.7549	4.938	38	NQT20	88.6295	34.0325	5.138
12	CIII	87.8967	33.226	4.996	39	NQT22	88.6419	34.1142	5.136
13	C112	87.9183	33.1566	4.891	40	NQT24	88.6157	34.2276	5.084
14	C113	88.7424	33.2698	5.395	41	NQT26	88.579	34.3149	5.027
15	C114	88.6739	33.0797	4.987	42	NQT28	88.5566	34.4106	4.956
16	C115	89.1577	31.5012	4.652	43	NQT30	88.6215	34.5017	4.868
17	C116	89.1162	31.4604	4.692	44	NQT32	88.6611	34.6134	4.915
18	EQT02	88.9618	33.1142	5.007	45	NQT34	88.4557	34.7079	4.926
19	EQT04	89.3699	33.1253	5.066	46	SEQT02	89.5369	32.9689	5.087
20	EQT06	89.5303	33.0766	5.135	47	SEQT04	89.642	32.8787	5.035
21	EQT08	89.5459	33.188	4.978	48	SEQT06	89.6995	32.7794	4.933

序号	台站名	经度	纬度	高程/km	序号	台站名	经度	纬度	高程/km
22	EQTlO	89.5097	33.3215	5.106	49	SEQT08	89.7226	32.6775	5.100
23	EQT12	89.5312	33.4099	5.068	50	SEQTIO	89.7589	32.5852	5.027
24	EQTl4	89.6896	33.0876	4.958	51	SEQT12	89.7029	32.4761	4.771
25	EQTl6	89.8073	33.1316	4.961	52	SQTOI	88.6262	32.1987	4.681
26	EQT18	89.8846	33.1967	5.044	53	SQT02	88.6351	32.3504	4.666
27	EQT20	90.0243	33.234	5.041	54	SQT03	88.607	32.4731	4.791

为便于获得每个台站所记录的每个地震事件的走时数据，需对解编后的数据进行截取。利用地震事件的震源参数(图 3 -2)(源自 USGS)和台站参数(表 3 -1)(包括台站名、素材号、经纬度和高程)，按照发震时刻对解编后的数据进行截取。不同区域不同构造背景以及不同的数据处理方法，截取的地震时间是不一致的。本项目研究截取的时间长度是以发震时刻为零点的前 30 s 至后 180 s。例如，如图 3 -3 所示为记录的原始数据与解编后的地震事件数据，在 2010 年 09 月 30 日 09 点 00 分 29.460 秒发生的 Ms 5.8 级地震事件截取结果相一致，且三个分量(BHZ，BHN，BHE)数据质量保存完好。对于地震层析成像而言，只需要对 BHZ 分量的走时进行反演计算，为了便于拾取走时信息，被所有台站所记录到的同一

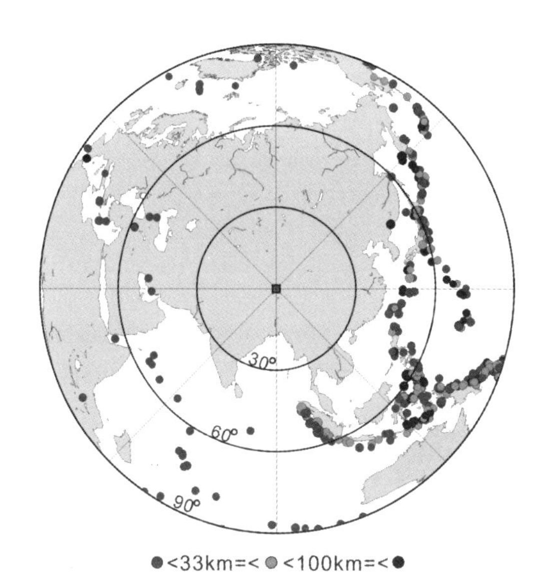

图 3 -2　本项目研究中远震事件震中分布，中间的小方块为本研究区

地震事件存放在一个地震目录中。对于原始数据的解编及解编后数据的截取，本书对同一个台站记录的所有地震事件进行检查，如图3－5所示，此地震台站所记录的所有远震事件记录从震相来看比较一致，P波走时信息比较清楚且数据质量相当可靠，同样也可以说明此地震仪器状态正常。

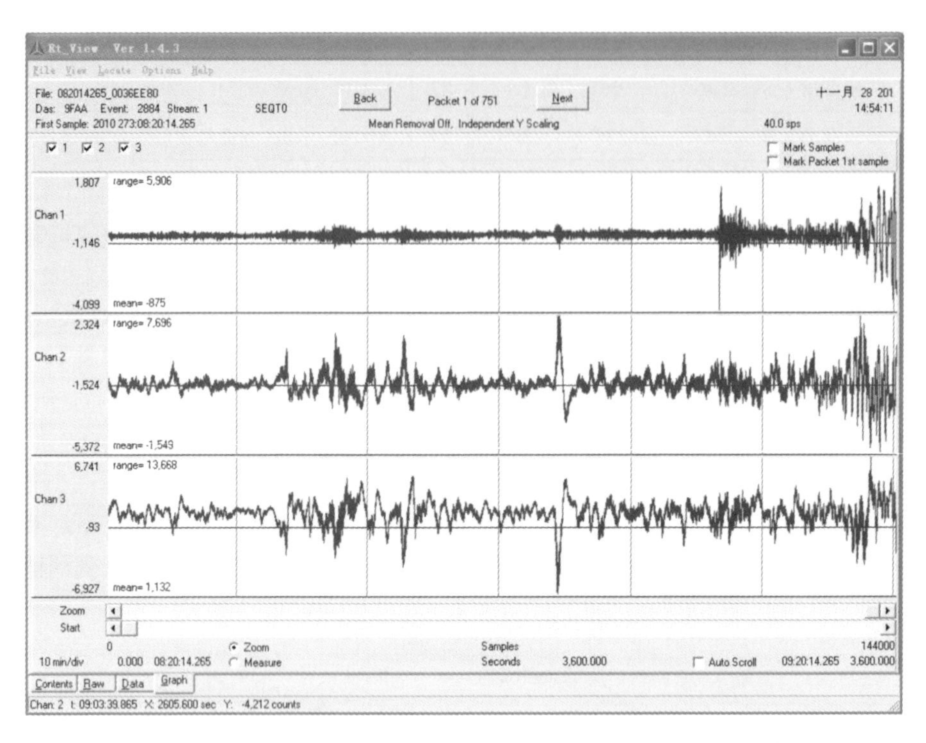

图3－3 REFTEK－130－1所记录的2010_09_30_09_00_29.460_5.8地震事件原始数据

3.3.2 震相拾取

地震走时的拾取是地震层析成像研究中最基本也是最重要的工作之一，它与反演结果的质量直接相关。本项目研究远震P波层析成像，所以利用了P波初至，没有涉及到其他震相的到时数据。首先利用IASP 91理论的地球模型计算出远震射线的理论走时，标定P波初至的大致时刻。然后对解编后的地震数据在SAC软件(seismic analysis code，由加州大学Lawrence Livermor国家实验室开发)中进行去平均及0.2～2 Hz的带通滤波器进行处理，利用人工拾取所有地震台站接收的P波到时。为了确保人工拾取走时的精度，同时与波形互相关技术[130]拾取的走时(图3－6)进行比较，二者之间的数据误差在0.1 s之内，所以本项目认为人工拾取的走时数据还是相当可靠的。将拾取的实际走时存储到SAC事件的头

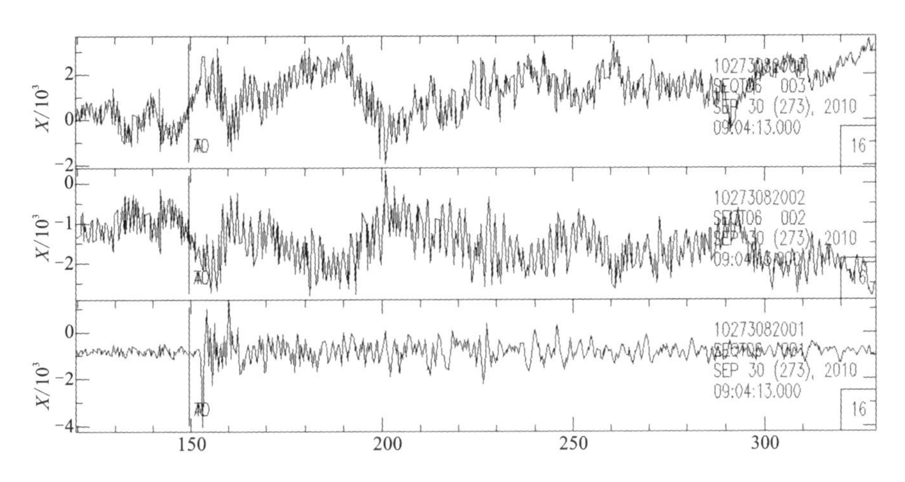

图3-4 解编后9FAA台站所记录2010_09_30_09_00_29.460_5.8地震事件数据

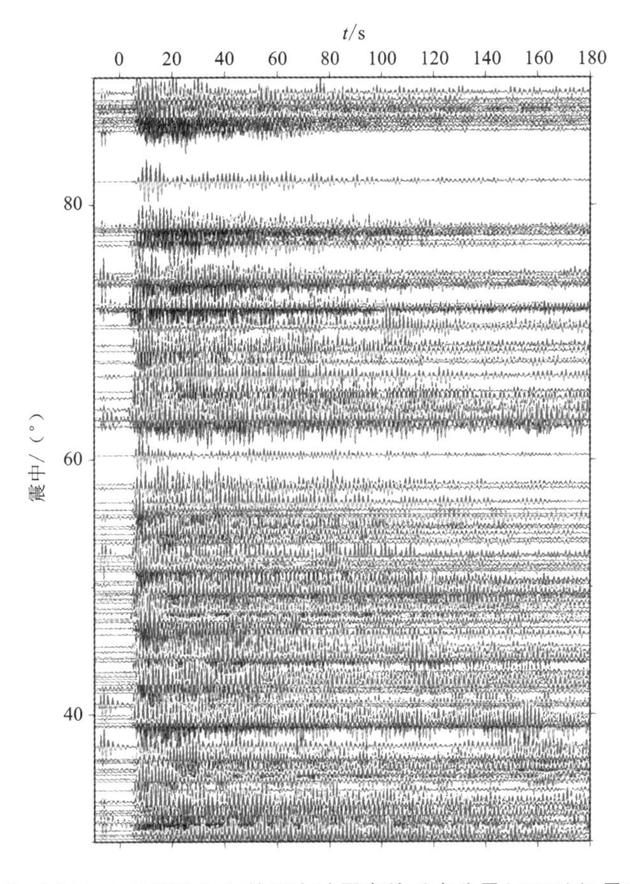

图3-5 9FAA台站所记录到的所有地震事件垂直分量(BHZ)记录剖面图

文件中，然后整体提取 SAC 文件中的台站参数、地震事件参数和 P 波初至时刻，数据读取的精度都可以达到 0.1 ~0.2 s。图 3 -7 给出了 TITAN - I 台网记录的在菲律宾巴布延岛地区(121.472°E，19.706°N)于 2010 年 09 月 30 日 09 时 00 分 29.46 秒发生的地震事件，震源深度为 15 km，面波震级 Ms 为 5.8 级。

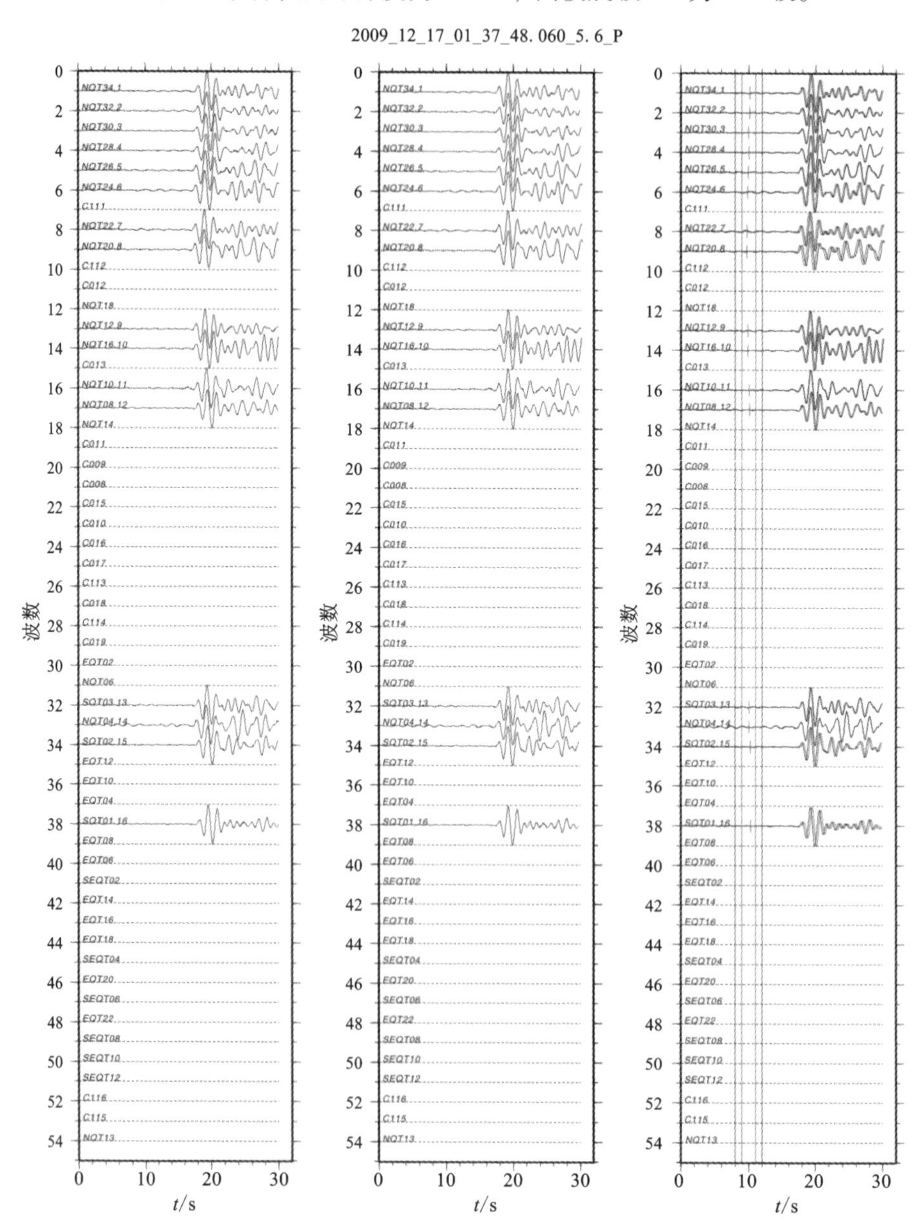

图 3 -6　2010.09.30.09.00.24.460_5.8 地震事件 MCC 波形拟合情况

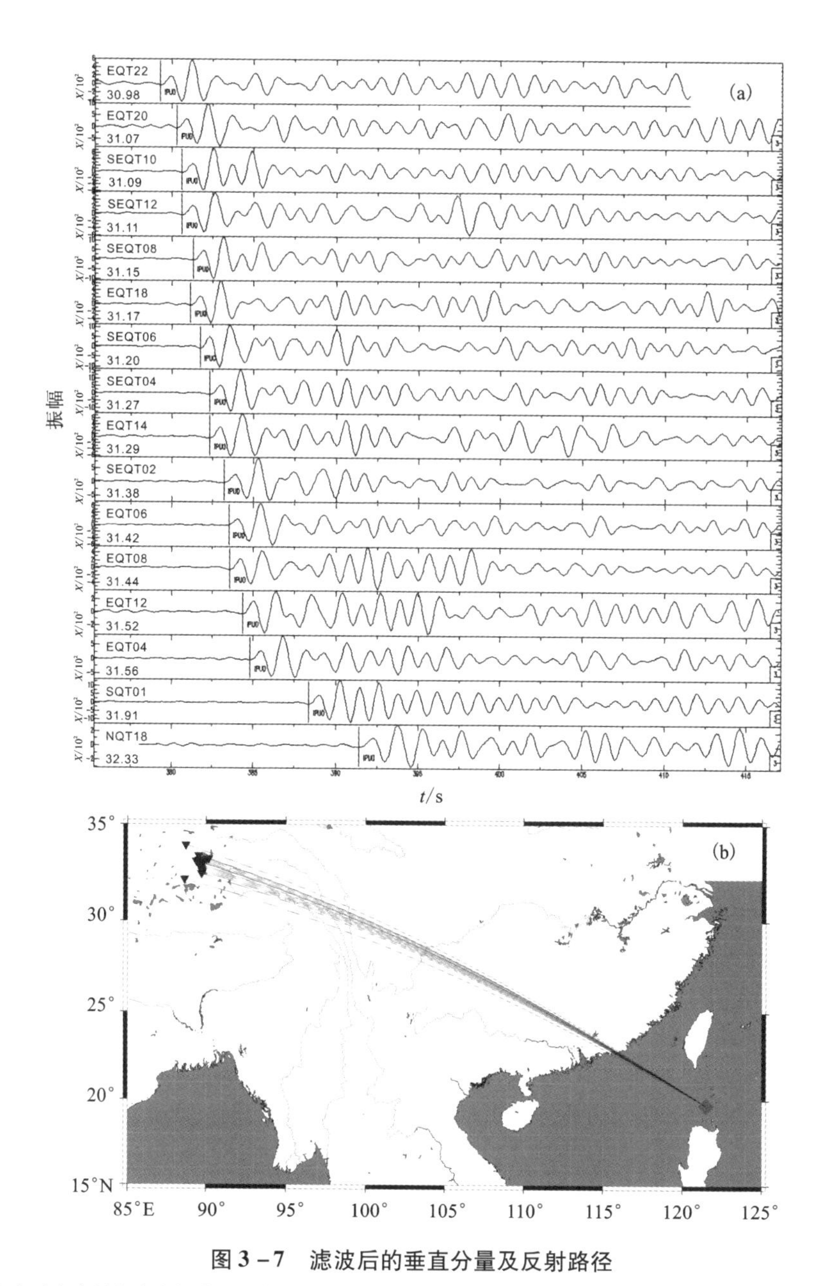

图 3－7　滤波后的垂直分量及反射路径

(a)表示本次研究中宽频带地震台站所记录到的通过去均值、去倾斜及带通滤波器(0.5～1 Hz)滤波后的垂向分量地震记录，台站名称和震中距在图的左边显示，垂直线为 P 波初至到时。这个地震时间发生在菲律宾巴布延岛地区(121.472°E，19.706°N)，时间是 2010 年 9 月 30 日 09 时 00 分 29.46 秒，震源深度为 15 km。(b)为震中、台站及射线路径图。

3.2.3 走时残差计算

对于远震而言，由于震源一侧远离台站部分的射线路径基本相同(图3-8)，只有靠近台站部分区域其射线路径才有明显差别。作为一级近似，射线远离台站部分对走时残差的影响，也包括震源位置和发震时刻的误差以及脉冲初至时刻选择的影响，对同一地震事件而言是不随台站变化的。为了降低震中错位、发震时刻以及研究区域外的速度异常的影响，远震层析成像研究所用的走时数据采用相对走时残差进行反演计算。相对走时残差理论是基于同一地震事件到达不同台站所记录的P波走时的时间差(计算过程参考第2章2.2节，主要是由于台站下方研究区域内的速度异常引起的，这也是远震层析成像的一个基本假设。因此，首先需要应用IASP91的地球模型[131]来确定震源与台站之间的远震射线，并查找地震射线与模型空间底界面之间的交点。然后计算出第j个地震事件的相对走时残差(Δr_{ij})，公式如下：

$$\Delta r_{ij} = T^{\text{obs}} - T^{\text{cal}} - \frac{1}{n_j}\sum_{i}^{n_j} t_{ij} \qquad (3-1)$$

式中：T^{obs}为观测走时数据，T^{cal}的理论走时由Taup程序[188]获得(Distance：震中距；Depth：震源深度；Model：全球模型)，如图3-9所示。n_j表示台站记录的第j

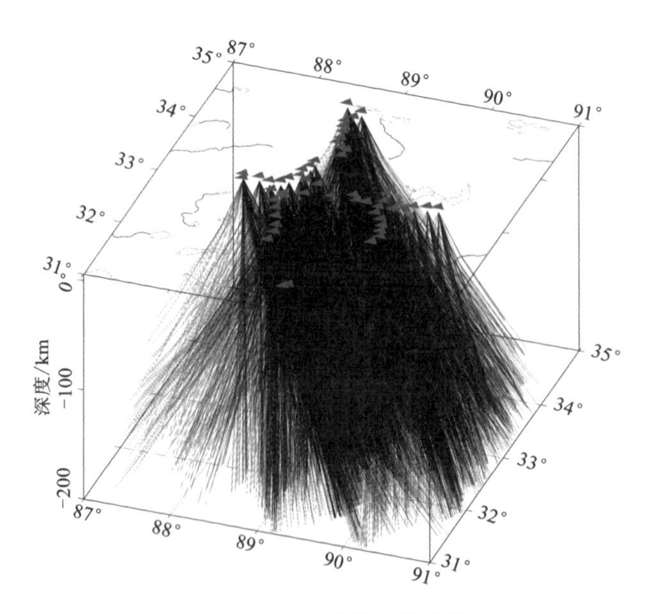

图3-8　本研究区内的地震射线分布

(为了形象化表达地震事件传播路径与台站关系)

个地震事件被记录到的地震台站总数。Δr_{ij}就是用于远震层析成像的相对走时残差资料。

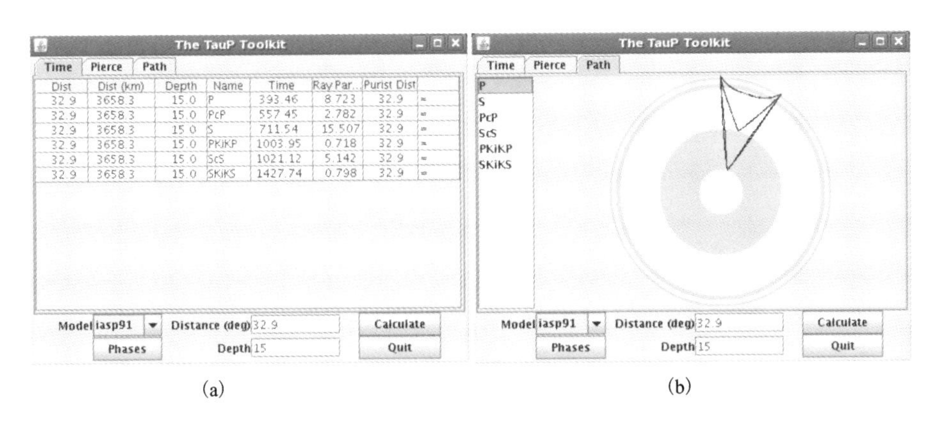

(a)　　　　　　　　　　　　　　(b)

图 3－9　Taup 计算理论走时及射线路径

3.3　远震 P 波层析成像模型建立和参数确定

尽管青藏高原地壳有较强的横向不均匀性[189~196]，但是在本研究中使用的相对走时残差幅值不超过 0.2 s。在此基础上反演了地壳和上地幔的三维速度结构，且没有进行地壳校正，这一方面是因为青藏高原区域没有合适的地壳模型可以利用，另一方面是因为此前的研究表明上地幔结构很大程度上不取决于这一研究地区的地壳模型[197]。本书地壳部分的初始速度模型（图 3－10）参考了郑洪伟的博士论文[120]，地壳以下的深层速度结构由 IASP91 全球模型得到。

模型空间内建立的 3D 网格，在横向上采用 0.5°×0.5°的网格格点，在边界上是 1.0°的间距，垂向网格的间距是 40 km，节点间的速度值利用 B 样条插值获得。本项目采用了带阻尼的 LSQR 算法进行反演计算。由于反演的不唯一性，实用反演结果的解也有多样性。阻尼系数是为利用 LSQR 算法求解方程组而定义的，它的作用相当于在求解方程组时防止过快收敛并约束得到的模型结果。阻尼系数太大时，走时残差的均方根也大，而速度扰动变小；相反，阻尼系数比较小时，走时残差的均方根也小，则速度扰动变大。如何选取最佳的阻尼系数使得走时残差均方根与速度扰动之间达到平衡，是保证反演模型接近真实模型的重要一步。在反演计算过程中，本研究对阻尼系数的选取做了大量的实验，选取不同的阻尼系数，反演后模型的变化与走时方差之间的消长曲线（也称折衷曲线）如图 3－11 所示，随着阻尼系数的增加，模型的变异变小，表示可信度好，但走时

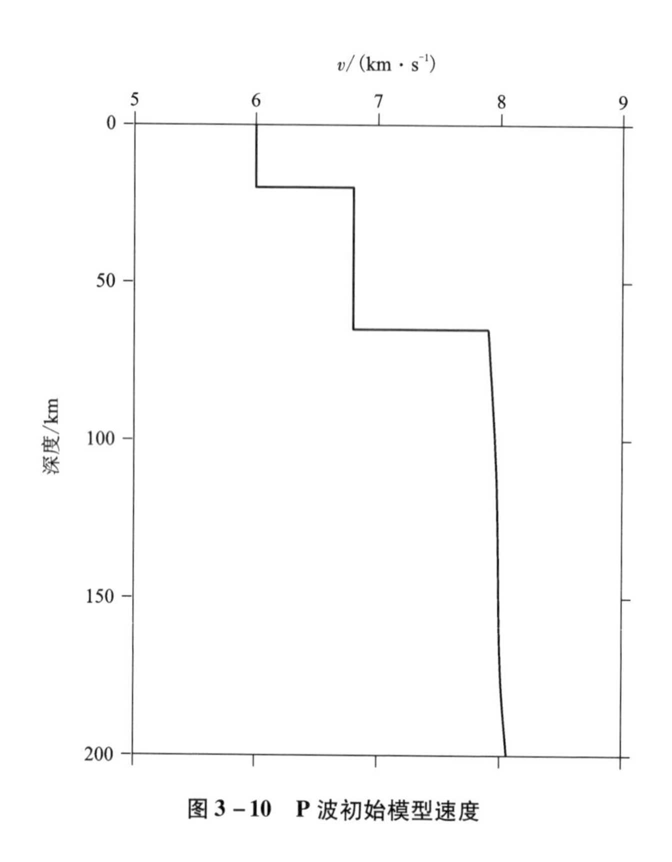

图 3－10　P 波初始模型速度

的拟合程度较差，因此本书选择了曲线曲率最大处的阻尼系数，也是最理想的阻尼系数，值为 10(图 3－11)。通过图 3－12 所示的反演前后相对走时残差分布的统计结果，经过 5 次反演迭代后，残差绝大部分集中在 －0.3～0.3 s。

另外，在给出获得的层析成像结果之前，首先需要给出研究区域内射线分布的交叉情况(图 3－8)和检测所得层析成像结果的精度。评价成像结果的精度最直接的方法是首先定义一个速度结果模型，然后通过计算理论走时，将其走时残差进行反演，最后将反演的结果与初始速度结构进行对比，看是否能够将之还原，从而判别反演精度的高低。本研究使用了检测板测试(checkerboard resolution test)方法[166, 186]，下面简单介绍检测板测试方法。在模型空间的 3D 格点处设置正负相间的速度扰动，即每一格点的速度扰动与其周围 8 个格点速度大小相等，正负相间。本书中检测板的输入模型是在参考模型的基础上加一个正负相间分布的 3% 速度扰动并辅以 ±1% 的随机误差。通过应用 checkerboard 检测方式，可以直观给出检测效果。如果反演的速度扰动也是正负相间的，且相对速度扰动越接近 3%，则表明该地区的反演结果分辨率越高，否则，分辨率越低。

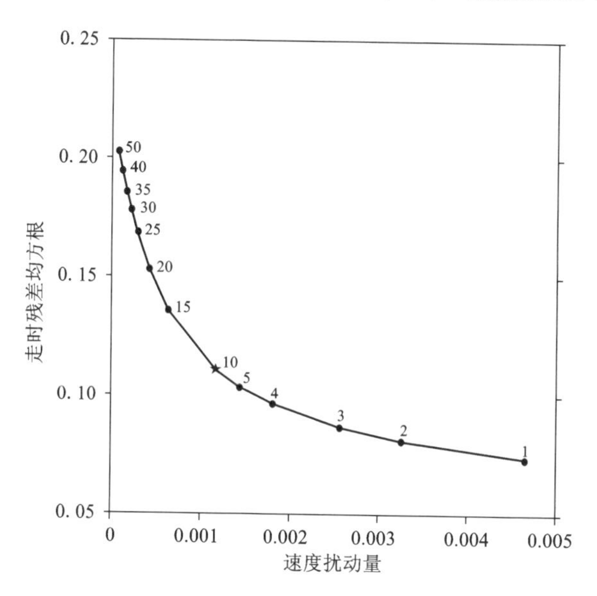

图 3-11　阻尼系数曲线

星形为最佳阻尼系数

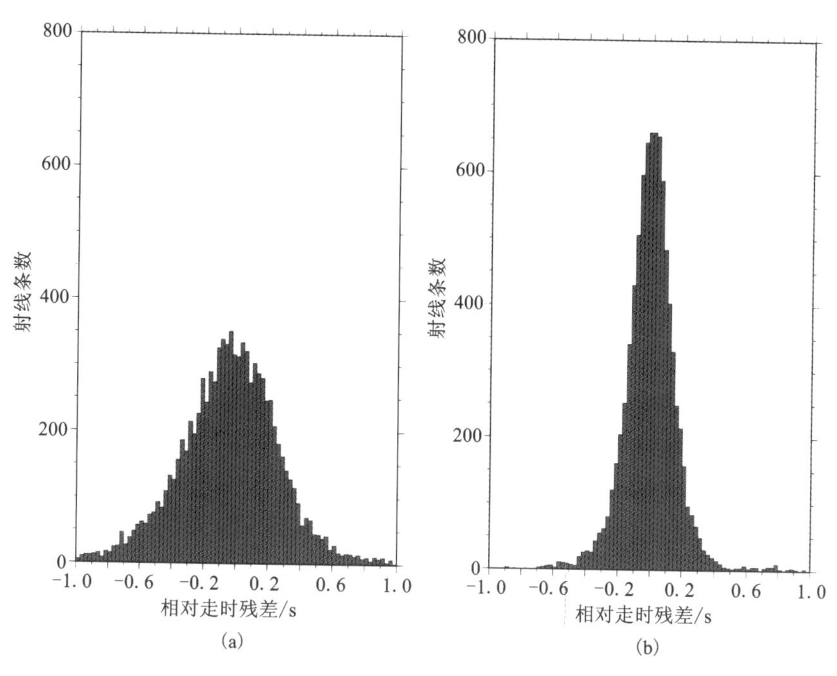

图 3-12　反演前(a)和反演后(b)相对走时残差分布

在反演过程中，采用的模型在水平尺度上格点间距为0.5°×0.5°，垂向格点间距约为40 km。图3－13和图3－14是对输入模型的反演结果(即检测结果)，从图中可以看出浅部研究区(深度≤20 km)具有较低的分辨率，其分辨率受台站分布的影响大，因为本项研究中所利用的只有远震P波到时，P波传播到近地表附近时近垂直入射到台站，射线交叉不好。这也是远震P波对深部的中下地壳及岩石圈地幔成像效果好，而对上地壳成像效果相对较差的原因，因此地壳浅部的结构特征不能被很好地成像，且反演结果精度较低。远震射线在地壳内部不能够很好地交叉，这种现象在远震层析成像研究中非常普遍。由于本研究中台站比较密集且分布比较集中，尽管研究区以东的西太平洋海域地震事件相对更为集中(图3－2)，但是台站下方的地震射线在地壳和上地幔内部很好地交叉(图3－8)，模型分辨率较好。

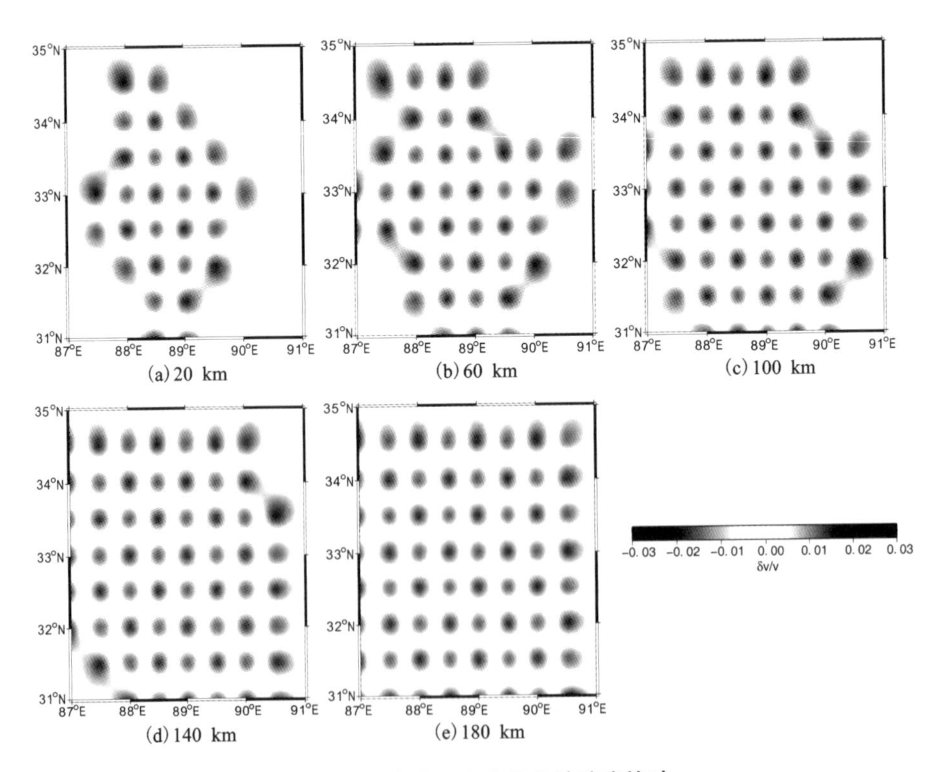

图3－13 各个深度上的P波速度扰动

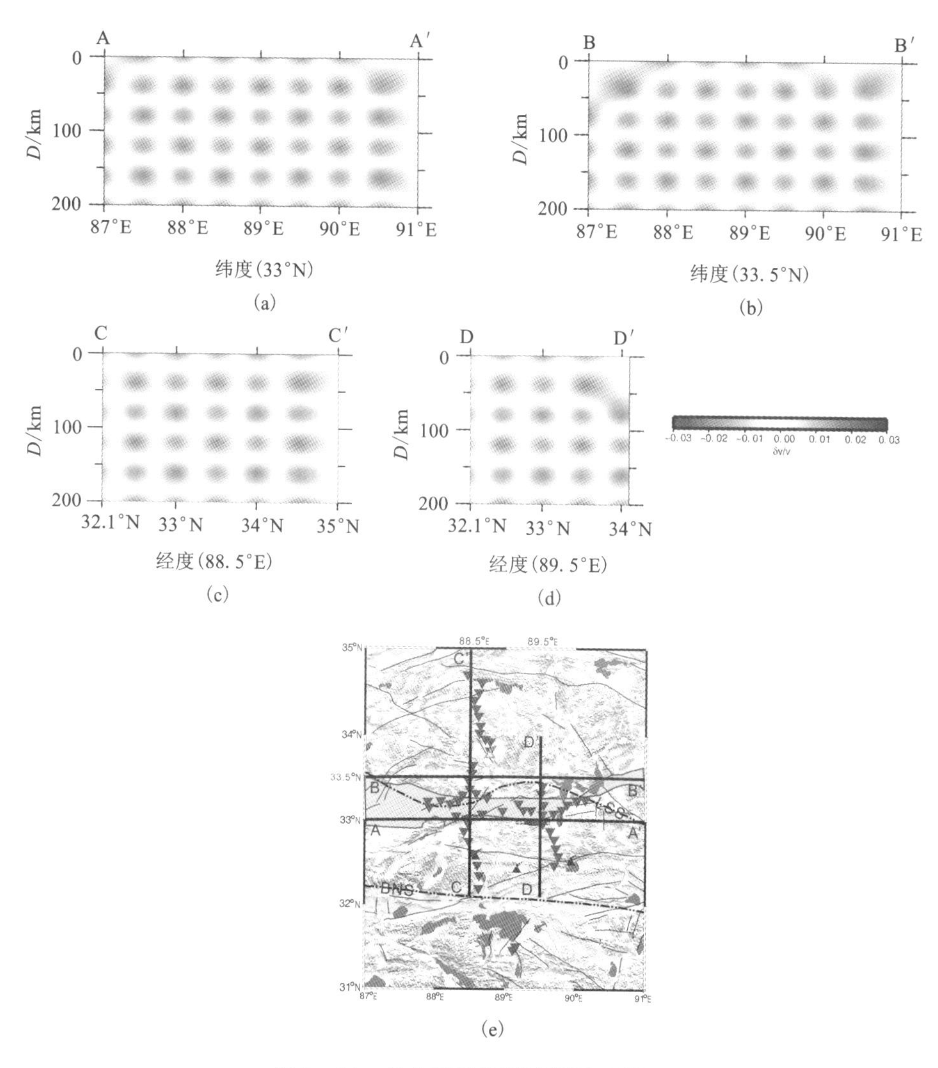

图3－14　各个剖面的检测板测试结果

剖面位置见图(e)

3.4　小结

本章主要对本书中层析成像所用数据的来源、预处理以及反演模型的建立进行了简要论述。

本章所用数据为中国地质科学院地质研究所 TITAN－I 项目 2008 年 9 月—

2010 年 11 月所记录到的远震 P 波走时数据。由 SAC 软件读取 P 波初至，并计算了用于反演的相对走时残差。建立了三维模型空间，模型底界为 200 km，中心区域采用了 0.5°×0.5°的网格，深度上的网格间距为 40 km。试算了不同的阻尼系数，从 Trade - off 曲线中读取最佳阻尼系数为 10。最后给出了模型设置的检测版检测结果。

第 4 章　羌塘中央隆起带壳幔速度结构的层析成像及构造解释

本书收集的数据主要集中在羌塘盆地，截至目前此数据在全国范围内还是第一次公开。对于羌塘中央隆起带及邻区的层析成像反演在青藏高原的研究中尚属首次。由于高原缺氧、人烟稀少，在羌塘腹地开展宽频带观测获得数据，通过走时成像，获取地壳上地幔 P 波速度扰动图像，这样的数据和结果都是比较珍贵的，为更好地研究羌塘中央隆起带地壳上地幔结构特征提供了很好的保证。

4.1　深度切片成像结果

由于羌塘中央隆起带构造特征较为复杂，已有的地质与地球物理证据还不足以刻画羌塘中央隆起带的深部结构特征。因此本研究利用流动的宽频带地震台网记录到的地震波数据，并结合其他地球物理数据获取了其地壳、上地幔结构与构造特征，揭示其深部特征及与南北两侧的盆地间的接触关系，进而认识羌塘盆地基底性质及其盖层结构特征，是当前了解羌塘地体的有效手段之一，也是认识青藏高原形成与演化和印度板块与欧亚板块陆 - 陆碰撞相关的地球动力学过程的关键。

为了圈定速度异常的分布范围和展布特征，笔者对层析成像的结果做了不同深度的水平剖面。图 3 - 13 给出了不同深度上的棋盘格检测结果。由于本研究区内部署的地震台站较为密集，显然在 200 km 以上大部分地区的分辨率较好，所以该研究区内的剖面速度扰动图像也是相当可靠的。下面给出了层析成像横向切片结果，如图 4 - 1 所示。

4.1.1　25 km 深度切片

由于近地表处射线交叉和覆盖得不是很好，只有台站下方才有反演结果。从反演的结果来看，中央隆起带南北两侧的羌塘盆地上地壳 P 波速度异常有明显的差异，北羌塘盆地主要呈低速异常结构，而南羌塘盆地呈高速异常结构。拉萨地体北部的高速异常的北缘已经越过班公—怒江缝合带。

4.1.2 60 km 深度切片

60 km 深度正处于羌塘盆地平均的 Moho 深度附近[83, 123, 124]。在此深度上，速度异常的形态发生了显著的变化，中央隆起带下方呈高速异常。南羌塘盆地及拉萨地体东西两侧异常结构差异明显，且呈近南北向展布。

4.1.3 100 km 深度切片

进入地幔以后，北羌塘盆地内部大部分为高速异常体，龙木错—双湖缝合带南北两侧速度异常结构差异明显，具有明显的分界特征。尽管在晚侏罗纪至中白垩纪期间，中特提斯洋的关闭导致了班公—怒江缝合带形成[1, 2]，但是班公—怒江缝合带的两侧的速度异常较复杂(图 4－1)。一些 N—S 走向的异常体穿过 E—W向班公—怒江缝合带。这些异常的走向同其他远震研究结果[67, 193]相似。

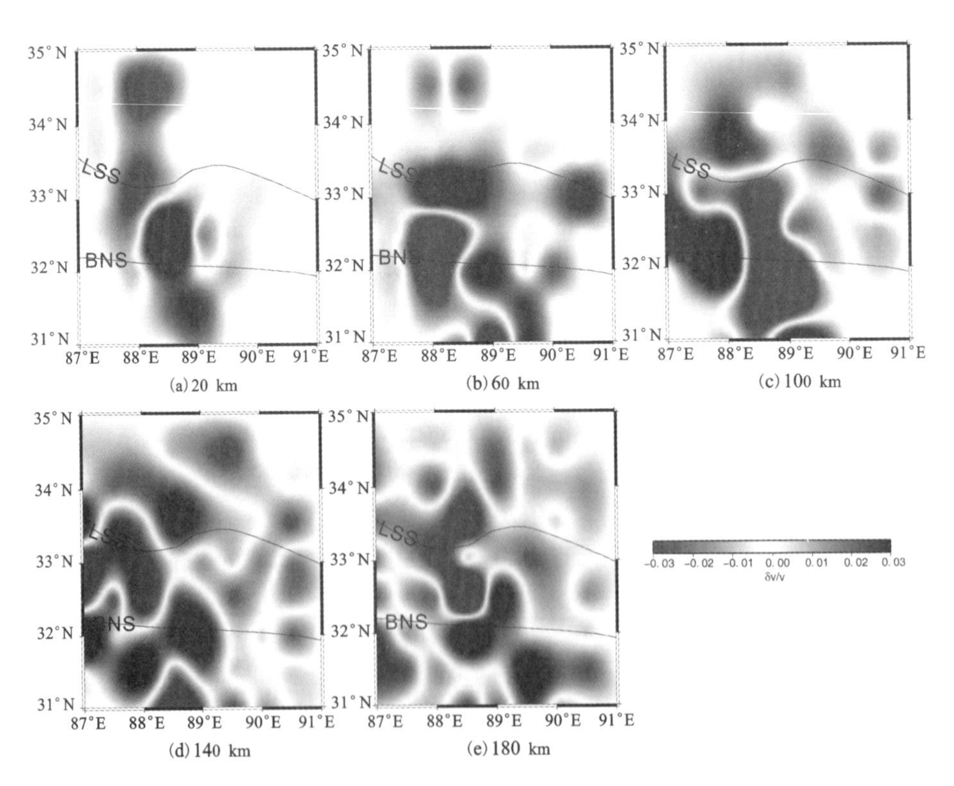

图 4－1　各个深度上的 P 波速度扰动

4.1.4　140 km 深度切片

羌塘中央隆起带的高速异常不再明显，低速异常主要体现在西部。羌塘盆地的东部整体上为低速异常体，南北羌塘盆地速度结构存在明显的差异。

4.1.5　180 km 深度切片

由于 200 km 左右接近青藏高原岩石圈底界[94]，此深度上的羌塘中央隆起带低速异常特征更加明显。

综上所述，羌塘中央隆起带南北两侧上地壳部分速度异常有明显差异，北羌塘盆地呈低速异常；而南羌塘呈高速异常。中央隆起带中下地壳部分呈高速异常，而南羌塘盆地及拉萨地体东西两侧异常结构差异明显，且近 NS 向展布。而在地幔部分，羌塘中央隆起带具有明显的构造分界特征。

4.2　纵向剖面成像结果

为了便于体现 P 波速度异常的深度变化特征，依据台站分布及大地构造特征，在羌塘中央隆起带的南北两侧切了 AA′[沿 33°N，如图 4－2(a)所示]和 BB′[沿 33.5°N，如图 4－2(b)所示]两条东西向剖面，以及 CC′[88.5°E，32.1°N；88.5°E，35°N；如图 4－2(c)所示]和 DD′[沿 89.5°E，32.1°N；89.5°E，34.1°N；如图 4－2(d)所示]两条南北向剖面，这些剖面的垂向 P 波速度扰动如图 4－2 所示。根据垂向剖面的棋盘格检测结果(图 3－14)和地震台站的分布[图 4－2(e)]，在本书中台网密集覆盖下的岩石圈结构异常特征较为可靠。

E—W 向的两个垂直剖面[图 4－2(a)和(b)中的 AA′和 BB′剖面]P 波速度扰动图像，清楚地显示中央隆起带两侧岩石圈结构异常差异非常明显，而南羌塘盆地的整个地壳相对于北羌塘盆地显示为高速异常体，但北羌塘的高速异常已经延伸到岩石圈地幔，且在本研究区内北羌塘盆地的东部有明显的低速异常块体。这些特征与其他地震层像成像结果相似[121, 122]。

S－N 向的两个垂直剖面[图 4－2(c)和(d)中的 CC′剖面和 DD′剖面]P 波速度扰动剖面图像，显示中央隆起带为一明显的构造边界过渡带，这也与其他地球物理学研究成果[60～93, 121, 122]相一致。中央隆起区南部与北部的上地壳结构也存在一定的差异，这与横过羌塘地体中央隆起区的深反射地震实验[83]和宽角地震勘探实验[81]结果相一致。南羌塘盆地中下地壳部分的自南往北高速异常逐渐增厚并延伸到中央隆起带下方 150 km 深处，而岩石圈上地幔部分的异常带呈 N—S 向越过中央隆起带并延伸到北羌塘盆地；北羌塘盆地地壳部分表现为低速异常，这与地震层析成像研究[121]结果大体一致，在藏北高原大面积分布着新生代火山

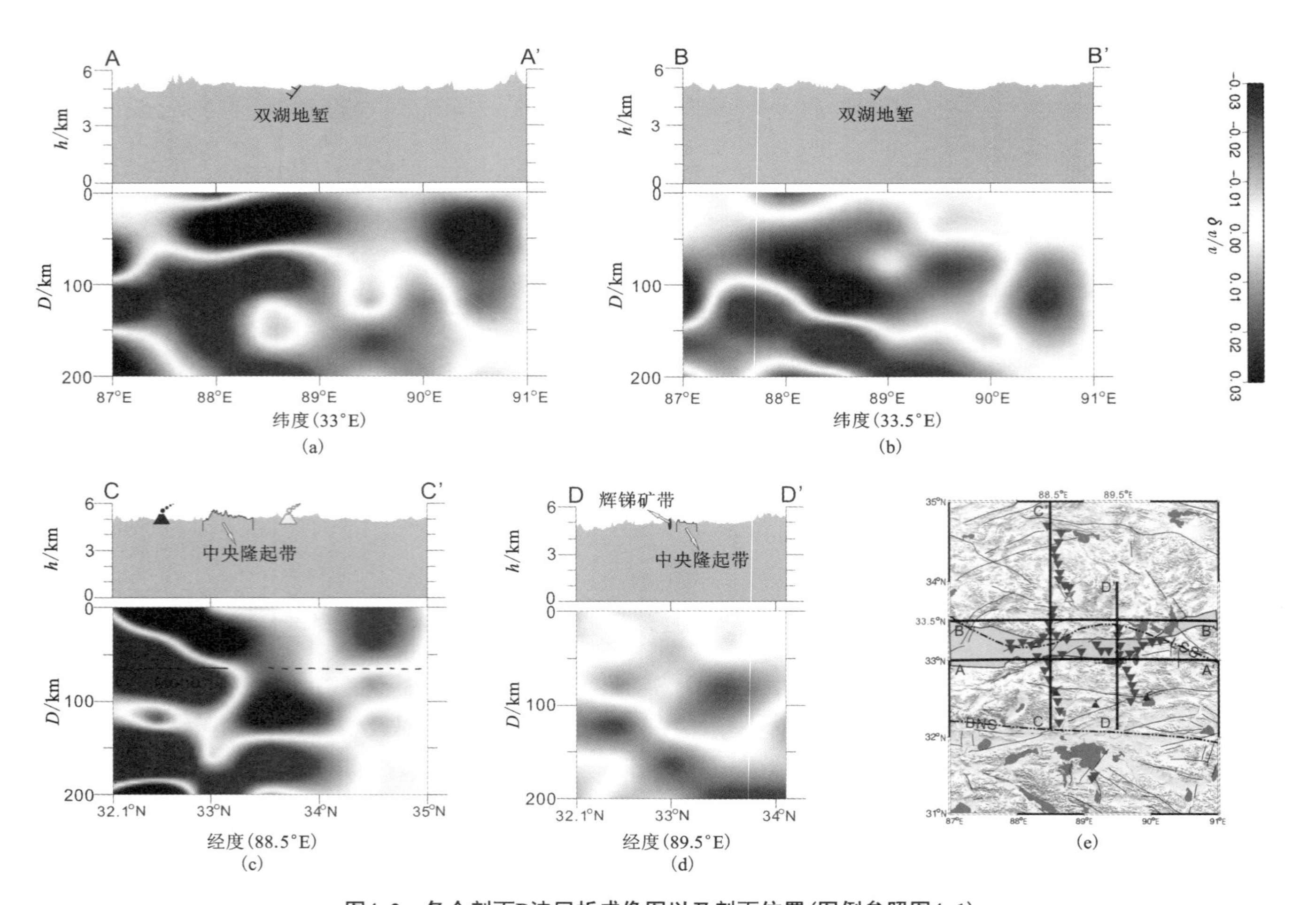

图4-2 各个剖面P波层析成像图以及剖面位置(图例参照图4-1)

剖面上方为地形图，(a)~(d)表示垂直剖面P波速度扰动，纵向与横向比例约为1:1 (e)中的阴影部分表示羌塘中央隆起带的位置(根据 黄继钧等，2001修改)。

岩[46]，且火山岩的大面积出露区域与该区低速异常位置相一致。另外，在羌塘中央隆起带下方 60 ~80 km 处，存在一构造边界带，莫霍面可能存在错断[83, 123, 124]。由于本次研究中台站位置的限制，现今的结果还不足已刻画整个北羌塘地壳的异常结构，随着后续工作的开展，整个羌塘地体的深部结构可以得到更好的呈现。

综上所述，根据本书及综合其他地球物理研究成果显示，羌塘中央隆起带为一重要的构造边界过渡带，且其南北两侧盆地间的深部结构存在明显差异。沿羌塘中央隆起带南北两侧的 E—W 向剖面(33°N 和 33.5°N)显示，其两侧的岩石圈结构尺度整体上存在明显差异，南北羌塘盆地地壳整体上呈高速异常，但北羌塘的高速异常已经延伸到岩石圈地幔，且在本研究区内北羌塘盆地的东部有明显的低速异常块体。另外，双湖地堑构造主要呈北东向展布，其两侧的结构异常特征差异明显。而沿 N—S 向的两条剖面(88.5°E 和 89.5°E)显示，羌塘中央隆起带为一明显的构造边界带。在羌塘中央隆起带及邻区下方有一个大规模的向北倾的异常体，如此大规模的异常形态从其所在位置和延伸深度来看，可能是古特提斯洋北向俯冲的结果。

4.3　讨论

羌塘盆地是我国最大的中、新生代海相沉积盆地[9]，羌塘中央隆起带将其分为南北两个盆地，研究羌塘中央隆起带的深部结构特征，揭示其与南北两侧盆地间的接触关系是认识羌塘盆地物质结构特征以及羌塘油气资源远景的关键科学问题。尽管羌塘地体在青藏高原的形成和演化过程中遭到强烈的后期改造，但在收集并分析已有的地球物理资料基础上推测羌塘中央隆起带的深部结构与构造特征仍有可能被完整地保留下来。基于当前的地球物理、构造地质等资料并结合本次研究成果，得到以下几点认识：

4.3.1　基底认识

羌塘盆地基底性质和构造特征对于认识油气的形成和运移理论至关重要。羌塘盆地经历了多期的构造改造变形致使羌塘盆地基底和构造特征较为复杂[21]，盆地是否具有刚性结晶基底，对于评价其中油气的保存至关重要。目前地质学家对于羌塘盆地石油具有前寒武纪基底争论颇大。

王成善等[9]和黄继钧等[21, 22]认为羌塘盆地具有统一的双层结构基底，下层为下元古界阿木岗组和戈木日组构成的结晶刚性基底，上层为中元古代玛依岗日群组成的变质塑性基底，且两层基底之间为角度不整合接触。鲁兵等[59]认为羌塘盆地存在统一的前寒武系的阿木岗和戈木日构成的变质结晶基底，果干加年日组与玛依岗日组的变质塑性基底是结晶基底后期隆升剥蚀的产物，只发育在双湖—

鲁谷一带。谭富文等(2009)通过片麻岩中锆石的 SHRIMP 年龄分析，认为羌塘盆地具有前寒武纪的结晶基底。而李才等[31]则认为羌塘盆地尚无可靠的结晶基底或古老基底存在的同位素年代学证据。重、磁等地球物理资料综合研究[75～78]表明南羌塘盆地基底埋深浅且结构复杂，北羌塘盆地埋深较深，起伏较南羌塘相对平稳。卢占武等[84]利用羌塘盆地横跨羌塘中央隆起带的反射地震剖面证据证明羌塘盆地可能有古老的结晶基底[83, 85]，且在南羌塘盆地基底比北羌塘深[198, 199]，北羌塘褶皱变形强烈，南羌塘则相对平缓。

上述观点表明业界对羌塘盆地基底性质及结构特征的看法存在差异，这主要是由羌塘中央隆起带的成因认识分歧所致。尽管目前存在分歧，但研究人员在羌塘盆地实施了诸多的地球物理调查研究[60－93, 189－204]，对于羌塘盆地基底的性质及结构特征研究有了一些成果，为更深入了解羌塘中央隆起带地壳、上地幔结构特征奠定了基础。

4.3.2 地壳结构

沿新疆叶城至西藏狮泉河的大地电磁测深剖面[52]显示，龙木错—双湖缝合带是构造单元的边界，北羌塘底壳内有一个高导层，而南羌塘壳内有两个高导层[52]。孔祥儒等[56]应用青藏高原吉隆—三个湖综合地球物理剖面提供的重力、地磁和大地电磁数据[54]对该区域密度、磁性结构和电性结构进行综合性研究表明(图 4－3 所示)，地壳厚度和地壳顶界面在羌塘地体内相差较大，该研究区内的电性结构表现出强烈的横向均匀性，北羌塘与南羌塘不同，上地壳电阻率明显增大，壳内高导层埋深也大。而布置在青藏高原羌塘盆地内部的大地电磁测深剖面[57～59]详细展示了羌塘盆地的深部电性结构，研究显示南羌塘有两个壳内高导层，在北羌塘只有一个壳内高导层，羌塘盆地南北方向呈两坳夹一隆的电性特征，羌塘中央隆起带两侧的电性结构具有明显的电性差异。在地壳内的电性特征同 INDEPTH－III 项目完成德庆—龙尾错(500 线，如图 4－4 所示)[62]和亚东—格尔木全球地学断面[203]沿青藏公路实施的大地电磁测深[60, 61]研究成果相一致。

另外，高精度的航磁异常分析[64, 70～72, 74,]显示中央隆起带表现为一强磁异常特征，且其南北两侧磁异常差异明显。布格重力异常匹配滤波分析[64]得到的浅部重力异常特征显示羌塘中央隆起与其两侧密度差异明显[65, 69]，如图 4－5 所示。重、磁等综合地球物理场特征研究[75～78]结果表明羌塘中央隆起带有明显的重磁异常，表明其与南北两侧盆地关系不同，且其南北两侧的地壳结构存在明显差异。

正如上面所提到的地球物理场研究结果，空间分辨率相对较低，本研究获得了羌塘中央隆起带的 3D 地壳的 P 波速度模型，如图 4－1 中的(a)和(b)深度剖面所示，龙木错—双湖缝合带南北两侧的地壳速度结构明显不同，这也与远震层

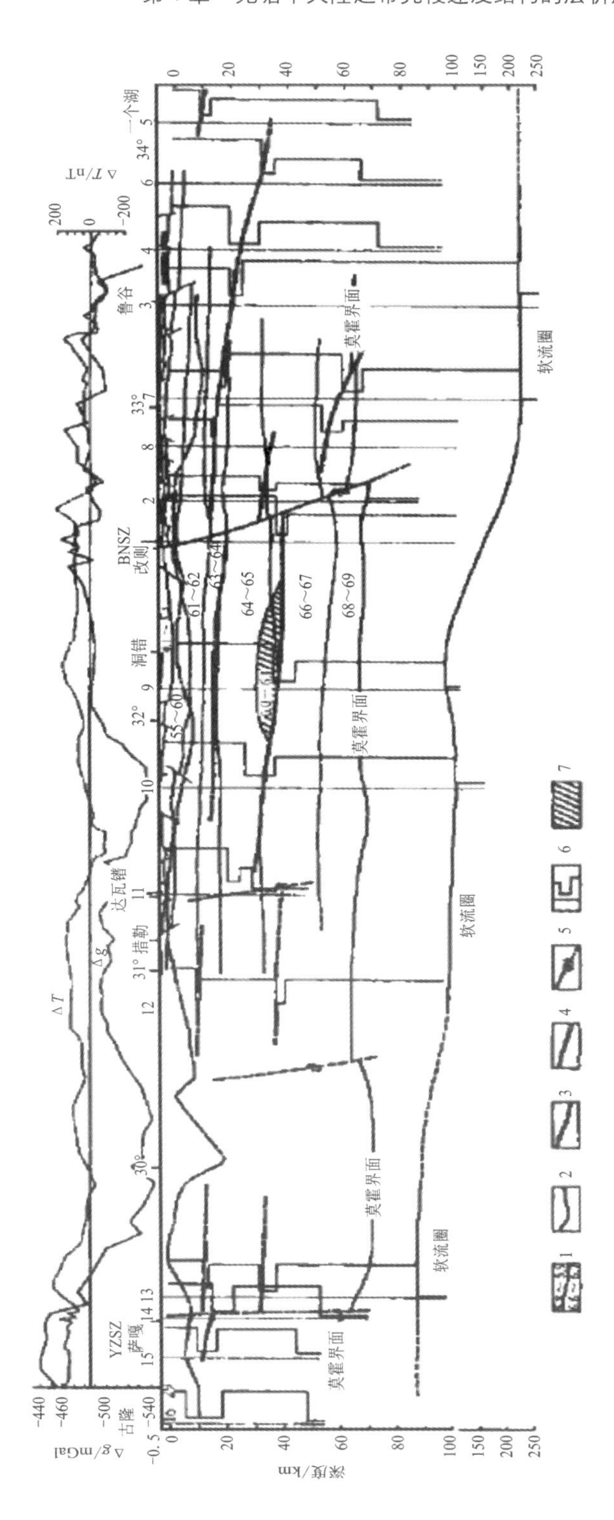

图4-3　青藏高原西部吉隆—三个湖综合地球物理解释剖面图[55]

1—地震界面和地壳P波速度；2—磁性地壳顶界面；3—壳内滑动层(MT结果)；4—壳内滑动层(人工地震结果)；5—推断的断裂；6—电阻率-深度曲线；7—中地壳部分熔融区

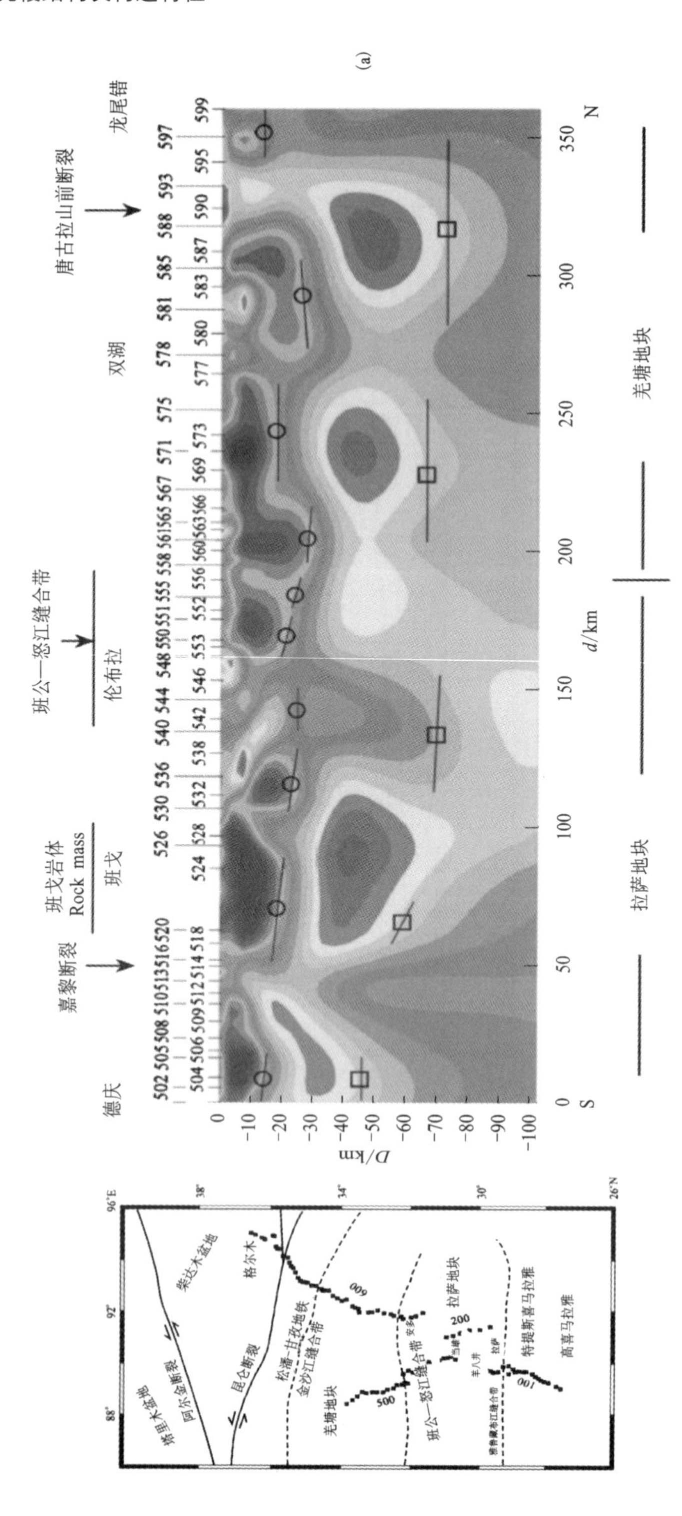

图4-4　藏北500线大地电磁测深反演地壳上地幔导电性结构模型[62]

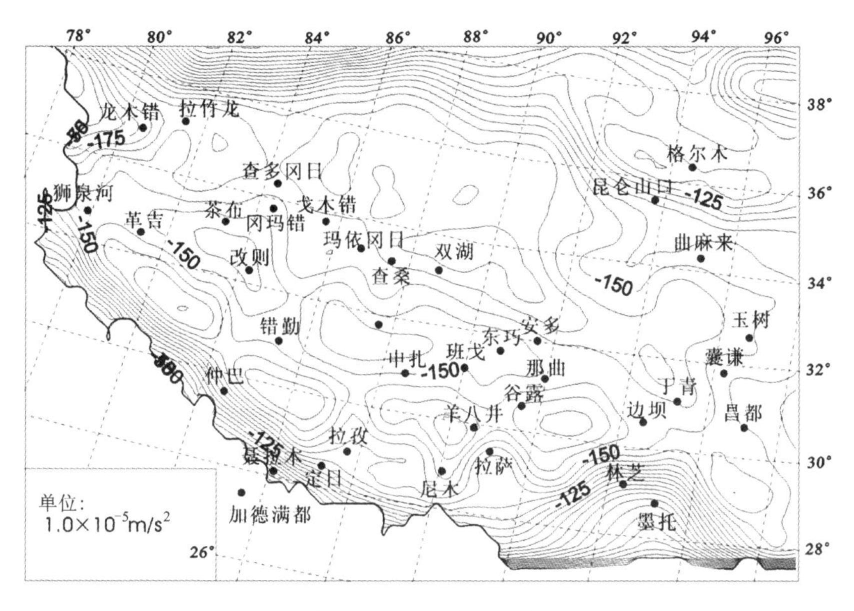

图4-5　青藏高原中西部布格重力异常匹配滤波分析浅部异常特征[63]

析成像图像[120~122]结果大体一致(图4-6)。本项研究获得的深度剖面[图4-2(c)和(d)]结果显示，羌塘中央隆起带下方地壳部分呈高速异常结构，其与南北两侧盆地的速度结构存在明显差异，这与大地电磁测深剖面[54, 56, 59]获得的结果

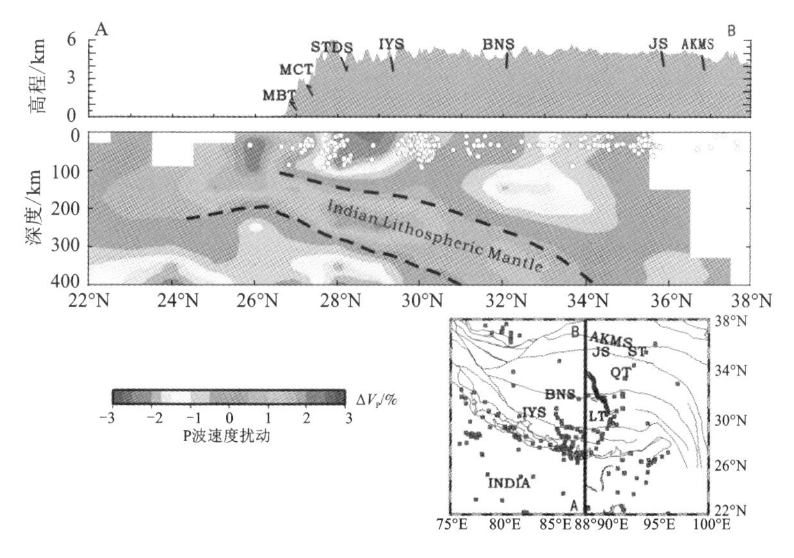

图4-6　青藏高原沿88°E剖面的层析成像结果[121]

相类似。而三个湖—鲁谷综合剖面[55]、INDEPTH－III[198]以及近35年来在青藏高原开展的深地震测深数据[81]综合研究显示，羌塘中央隆起带两侧南北羌塘盆地的地壳速度明显不同，由于其结构复杂，南羌塘盆地速度异常变化大，北羌塘盆地相对平稳，且中央隆起带有明显的分界。

4.3.3 岩石圈上地幔结构

尽管印度岩石圈地幔自70 Ma以来一直持续北向俯冲[2]，其俯冲前缘已经到达羌塘地体中部之下[121]，在俯冲前缘存在一个地幔深处延伸至地表的大规模低速体，这与本次研究的成像结果[图4－2(a)、(d)]显示相一致。利用匹配滤波方法[65]获得的岩石圈上地幔布格重力异常变化较平缓，在藏北显示巨大且平缓的低重力异常圈闭[68, 69]，重磁联合研究[75]显示，该区低重力异常对应负磁异常特征。这与藏北低Pn波[97]和Sn波缺失[60, 67]以及变化最大的上地幔各向异性[202]特征吻合。地震层析成像研究[87, 96－102, 120－122]表明在青藏高原北部地区上地幔普遍存在高温低速体，这种高温低速体是由于大陆碰撞的后期，地壳逐渐冷却，俯冲对流导致深处地幔热物质上涌，壳幔作用相对活跃，壳幔物质相互交融，温度升高而致。

综合研究推测该区上地幔低速体可能是印度岩石圈地幔前缘俯冲进入软流圈深处引起地幔热扰动，造成深部软流圈地幔热物质上涌。而北向俯冲的印度岩石圈地幔的主体部分要比上覆的青藏高原面积小得多，羌塘地体地壳下方的高原物质，造成了该地区的许多地质和构造特征，如出现青藏高原北部上地幔低Q值，低Pn波和Sn波缺失，导致藏北高原喷发大量的钾质火山岩[14－16, 46, 97, 114, 115]，且现今地震活动比较强烈[205]，如图4－7所示。而藏北辉锑矿带的形成被认为与中新世以来造山带增厚岩石圈底部拆沉作用引起的软流圈上升和地幔底辟作用有关[206]。由于本研究台站位置、地震事件等的局限，而图4－2显示的层析成像结果暂时还不支持上述推测，其具体构造成因有待于深入研究。

4.3.4 整体认识

本项研究给出了比较清晰的羌塘中央隆起带下岩石圈尺度上的整体结构轮廓。在本研究区内北倾的低速异常[图4－2(c)、(d)]显示，南羌塘地体的地壳部分整体已经越过了羌塘中央隆起带，并北向插入到北羌塘地体之下，从俯冲位置和形态上推测这可能是由于冈底斯块体北向俯冲的结果。大地电磁测深研究[53]也表明，冈底斯地体内的地壳高导层呈北倾形态，与深反射地震实验结果[83, 84]较相似，如图4－8所示。目前，越来越多的地表地质、构造地质与地球化学证据[29－34, 44]表明，羌塘中央隆起带被认为是一个古特提斯洋于晚二叠—早侏罗关闭后的古特提斯缝合带(又叫龙木错—双湖缝合带)。如图4－2(c)、(d)所

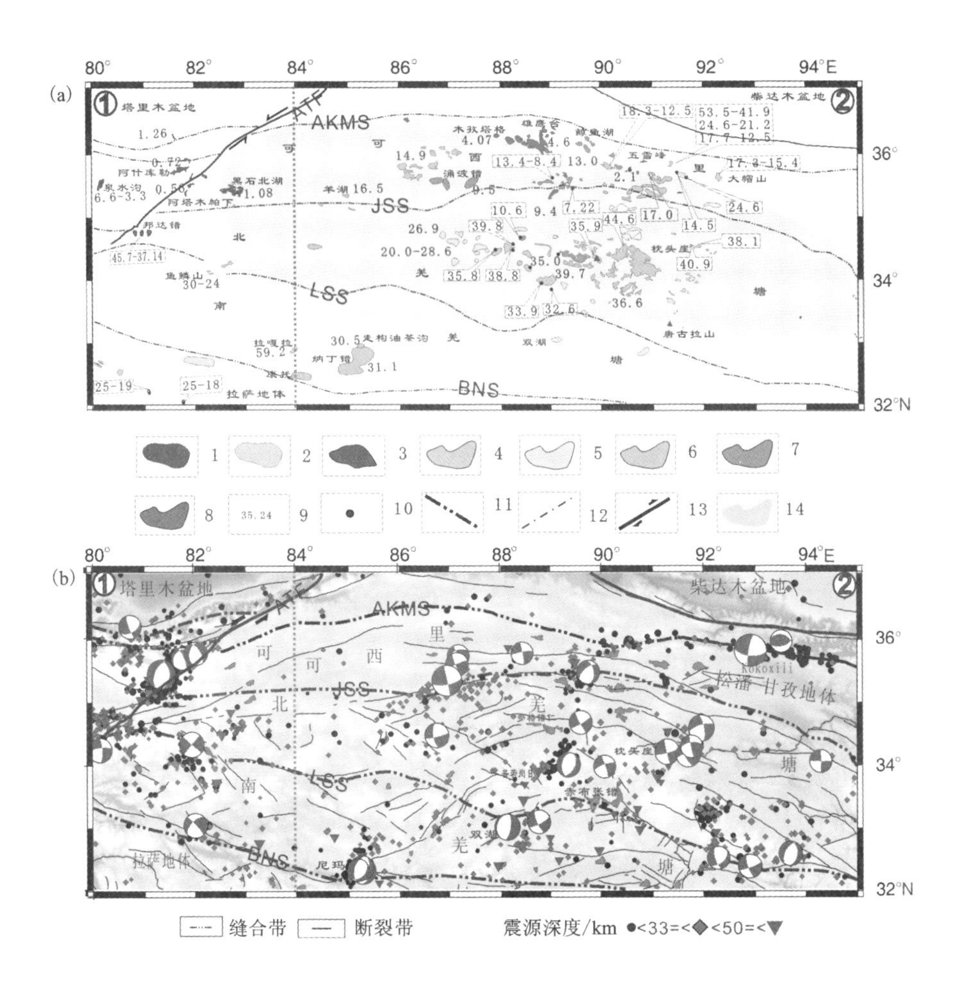

图4-7　藏北高原构造火山岩和地震活动性分布图

(a)藏北高原构造及其火山岩分布；ATF - 阿尔金断裂；AKMS - 阿尼玛卿—昆仑—木孜塔格缝合带；JSS - 金沙江缝合带；LSS - 龙木错—双湖缝合带；BNS - 班公—怒江缝合带；1 - 与碰撞有关的深成岩；

2 - 与碰撞有关的火山岩；3 - 与走滑体制有关的火成岩；4～8 - 与拆沉体制有关的火成岩(形成年龄范围：4 - 45～27 Ma；5 - 27～17 Ma；6 - 17～9 Ma；7 - 9～4 Ma；8 - 4～0 Ma)；9 - 火成岩同位素年龄；10 - 样品位置；11 - 南北羌塘分界线；12 - 缝合带；13 - 走滑断裂及其运动方向；14 - Sn 无效区和低 Pn[根据罗照华等(2005)和 Barazangi and Ni(1982)修改]；① - 西昆仑地震活动区；② - 藏北中部火山岩区。(b)藏北高原地体构造及其地震活动性分布；地震活动性(源自 NEIC)及其 Mw5.5 以上的震源机制解(源自 GCMT 2011)分布，震源机制球中的白色区域(P)和黑色区域(T)；及各地体构造情况：粗构造线(任纪舜，1997)；细构造线(邓起东，2005)。

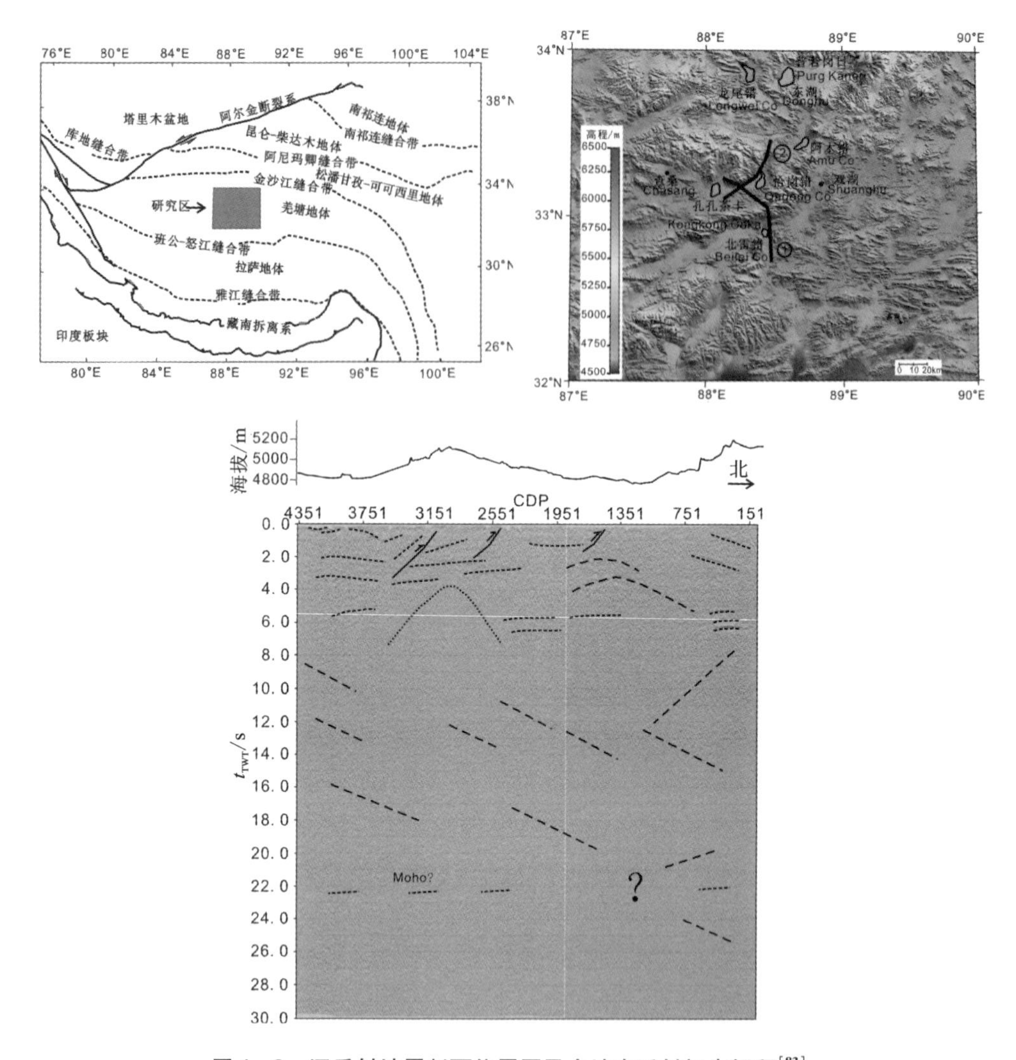

图4-8　深反射地震剖面位置图及全地壳反射初步解释[83]

示的中央隆起带下方向北倾的高速异常体，从异常形态所在位置和延伸深度来看，推断这可能是古特提斯洋北向俯冲的结果，滞留在龙木错—双湖缝合带下方90～150 km深的高速异常体可能是古特提斯洋俯冲的板片。这些特征也较符合缝合带所特有的深部结构特征，该缝合带东西向延伸结构为青藏高原大地结构认识以及羌塘油气勘探奠定了基础。尽管远震层析成像方法的局限性约束了对地壳精细结构的认识，但结合深反射地震实验给出的反射地壳结构特征，推测这种高速异常特征[图4-2(c)、(d)]可能反映了龙木错—双湖缝合带[29~34, 44]形成后所遗留的深部结构特征。另外，在地表地质上，龙木错—双湖构造带南北两侧生物古地理特征差异明显，即晚古生代生物面貌和沉积特征差别很大。南羌塘盆地大面积分布上石炭统，岩石组合具有裂谷堆积和冰海沉积特点，含冷水型生物群化石。而北羌塘地区为中泥盆统至下石炭统，多为相对稳定的陆缘沉积碳酸盐岩碎屑岩系，含丰富的华南型生物化石和华夏植物群化石。羌塘中部沿着双湖—玛错—龙木错构造带分布有蓝片岩带[29]，且在其内部还发现了蓝闪石[39]。许多学者认为该构造带可能为晚古生代冈瓦纳大陆和劳亚大陆间的古特提斯洋闭合的结果[29, 34, 39, 40]。综合上述研究结果表明，龙木错—双湖缝合带在其形成过程中有可能是一种具有缝合带性质的构造带。

另外，根据 INDEPTH－III 剖面接收函数图像[123, 124]（图4－9）和深地震测深

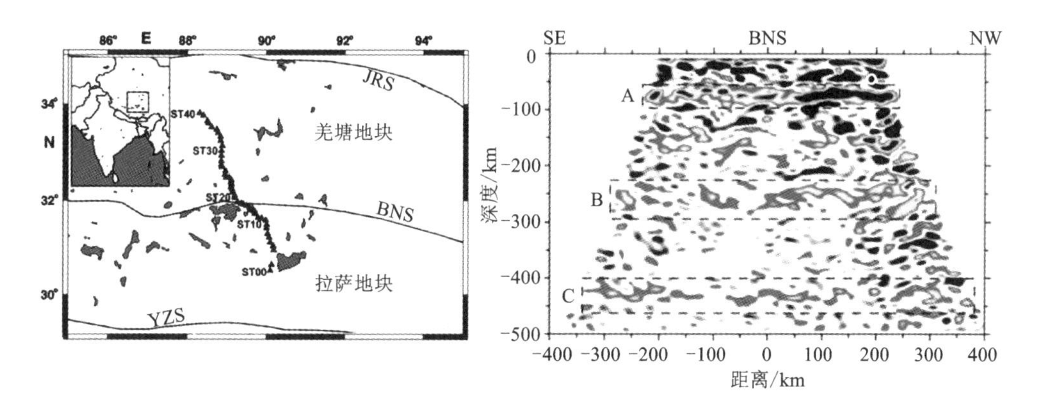

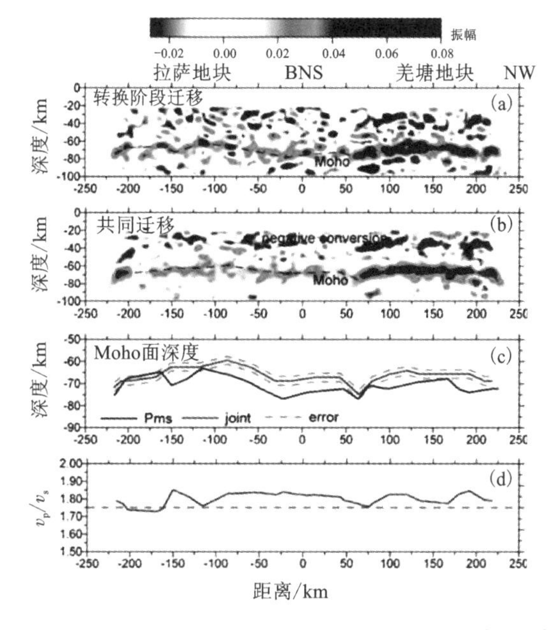

图4－9　INDEPTH－III 剖面接收函数结果[123, 124]

研究[80]，以及横过羌塘中央隆起带的深反射地震实验[83]，在羌塘中央隆起带下莫霍面存在异常，与CC′剖面[图4-2(c)]成像图像显示的结果相一致。尽管本书研究方法和数据资料的缺陷还不足以刻画莫霍面深度的起伏变化，但本项研究的层析成像结果显示羌塘中央隆起带下为一明显的构造边界带，结合上述研究成果[80, 83, 123, 124]，推断Moho可能存在错断，其错断幅度需要进一步的研究。

综合地球物理探测、构造地质及地球化学分析等表明羌塘中央隆起带两侧的南羌塘和北羌塘分属于整个岩石圈尺度结构完全不同的构造单元。由于羌塘盆地恶劣的环境，其研究程度相对较低，因而对羌塘中央隆起及邻区存在不同的观点。经过地震层析成像所获得的对羌塘中央隆起的深部结构认识及其南北两侧的盆地间的构造关系，有利于更好地认识南北羌塘盆地基底性质以及对羌塘油气资源远景的准确评价。

4.4 小结

本章主要利用本书的层析成像反演结果对羌塘中央隆起带及其邻区的深部结构与构造特征进行了讨论，给出了羌塘中央隆起带及其邻区南北两盆地的速度结构特征的卡通图，推测了羌塘中央隆起带两侧的南羌塘和北羌塘分属于整个岩石圈尺度结构完全不同的两个构造单元，羌塘中央隆起带为一构造断裂带，讨论了羌塘南北盆地的物理结构特征。

第 5 章　结论与展望

5.1　结论和认识

本次研究应用 FMM(fast marching method)射线追踪方法和 LSQR 方法来反演羌塘中央隆起带及邻区的地壳上地幔的三维速度结构，本项研究通过布置在西藏中部的 54 套宽频带流动地震台站记录的 504 个原始的远震事件，共计 9532 个 P 波走时数据，对羌塘中央隆起带及周缘地区的层析成像反演。与前人研究结果相比，本书所利用的数据在全国尚属首次公开，且层析成像图像有着更好的分辨率，对羌塘中央隆起带的深部结构提供了新的资料。下面是笔者本次工作得出的主要结论：

1)从深部结构整体上认识，羌塘中央隆起带为一明显的构造边界带，其南北两侧盆地分别属于不同的构造单元。

2)沿羌塘中央隆起带南北两侧的 E—W 向剖面(33°N 和 33.5°N)显示，其两侧的岩石圈结构尺度整体上存在明显差异，南北羌塘盆地地壳整体上呈高速异常，但北羌塘的高速异常已经延伸到岩石圈地幔，且在本研究区内北羌塘盆地的东部有明显的低速异常块体。

3)沿 N—S 向的两条剖面(88.5°E 和 89.5°E)显示，羌塘中央隆起带下方地壳部分呈高速异常结构，其与南北两侧盆地的速度结构存在明显差异。在羌塘中央隆起带及邻区下方有一个大规模的向北倾斜的高速异常体，推测可能是古特提斯洋北向俯冲的结果，滞留在龙木错—双湖缝合带下方 90 ~ 150 km 深的高速异常体可能是古特提斯洋俯冲关闭时遗留的板片；而其下方羌塘中央隆起带延伸到北羌塘的北倾低速异常体，可能是冈底斯块体北向俯冲的结果。

4)龙木错—双湖缝合带为具有缝合带性质的边界构造带，为青藏高原大地构造认识及羌塘油气勘探奠定了基础。

由于羌塘地体内部多数是无人区，研究程度相对较低，且经历了新生代强烈的火山活动和东西向伸展构造等后期改造，羌塘盆地的深部结构较为复杂，对于更精细的深部结构特征还有待于今后进一步工作的开展。

5.2 存在问题和展望

由于目前本研究区域已有的天然地震观测资料有限，在本次研究中难免存在一些不足之处，所以对于今后的工作需要加强以下几个方面：

1）在羌塘中央隆起带和演化过程中，部分原始岩石圈地幔能否完好保留，还需地球化学方面的证据。因此，后续还需对此问题进行系统的研究，给出一个羌塘中央隆起带演化的地球动力学模型。

2）本次层析成像反演只利用了 TITAN－I 项目的数据，由于该区地质构造较复杂，在分辨率上还远不足以反映地球内部结构。后期在利用远震 P 波的同时，使用多震相及深反射地震联合反演更有说服力。地震层析成像是比较直观地透视地球内部结构的有效手段，对层析成像的方法研究，笔者希望还能进一步学习，并在实际应用中发挥作用。

3）由于笔者阅读量有限，对于本羌塘地体的地质问题认识还是不够全面，因此给出的构造解释还是不够周全。

由于青藏高原的羌塘盆地属于海拔高、空气稀薄的无人区，开展地球物理探测工作存在一定的困难，所获取的研究资料尚不足，希望在此类地区继续开展更高分辨率的地震台网观测。

参考文献

[1] Dewey J F, Shackelton R M, Chang C, et al. The tectonic evolution of the Tibetan Plateau [J]. Philos. Trans. R. Soc. London, 1988, A327: 379 - 413.

[2] Yin A, Harrison T M. Geologic evolution of the Himalayan - Tibetan orogen[J]. Annu. Rev. Earth Planet, Sci, 2000, 28:211 - 280.

[3] 常承法, 潘裕生, 郑锡澜. 青藏高原地质构造[M]. 北京,科学出版社, 1982.

[4] 尹安. 喜马拉雅 - 青藏高原造山带地质演化 - 显生宙亚洲大陆生长[J]. 地球学报, 2001,22(3): 193 - 230.

[5] Argand E. La Tectonique de L'Asie[J]. Proc. 13th Int. Geol. Congress, 1924, 7:171 - 372.

[6] 高锐. 青藏高原岩石圈结构与地球动力学的 30 个为什么[J]. 地质论评,1997,43(5): 460 - 464.

[7] 王岫岩, 滕玉洪, 王贵文, 等. 西藏特提斯构造域及其找油前景[J]. 石油学报,1998,19 (2):44 - 48.

[8] 鲁兵, 徐可强, 刘池阳. 藏北羌塘地区的地壳电性结构及其意义[J]. 地学前缘, 2003,10 (9):153 - 159.

[9] 王成善, 伊海生, 李勇, 等. 西藏羌塘盆地地质演化与油气远景评价[M]. 北京: 地质出版社,2001.

[10] 王剑, 谭富文, 李亚林, 等. 青藏高原重点沉积盆地油气资源潜力分析[M]. 北京:地质出版社,2004, 32 - 61.

[11] 王剑, 谭富文, 王小龙, 等. 藏北羌塘盆地早侏罗世 - 中侏罗世早期沉积构造特征[J]. 沉积学报,2004,22(2):198 - 205.

[12] 伍新和, 张丽, 王成善, 等. 西藏羌塘盆地中生界海相烃源岩特征[J]. 石油与天然气地质, 2004,29(3):348 - 354.

[13] 赵政璋, 李永铁, 郭祖军, 等. 青藏高原油气勘探前景[J]. 中国石油勘探, 1997,2 (3): 14 - 16.

[14] 邓万明, 郑锡澜, 松本征夫. 青海可可西里地区新生代火山岩的岩石特征与时代[J]. 岩石矿物学,1996,15(4):289 - 298.

[15] Hacker B R, Gnos E, Ratschbacher L, et al. Hot and dry deep crustal xenoliths from Tibet [J]. Science, 2000, 287: 2463 - 2466.

[16] Chung S L, Chu M F, Zhang Y Q, et al. Tibetan tectonic evolution inferred from spatial and temporal variations in post collisional magmatism[J]. Earth Science Reviews, 2005, 68: 173 - 196.

[17] Yin A. Paul A K, Michael A M, et al. Significant late Neogene east - west extension in northern Tibet[J]. Geology, 1999,27(9): 787 - 790.

[18] Blisniuk P M, Hacker B R, Glodny J, et al. Normal faulting in central Tibet since at least 13.5 Myr ago[J]. Nature, 2001, 412:628 - 632.

[19] 李亚林, 王成善, 伊海生, 等. 西藏北部双湖地堑构造与新生代伸展作用[J]. 中国科学(D辑), 2001,31(增刊):228 - 233.

[20] 赵政璋, 李永铁, 叶和飞, 等. 青藏高原大地构造特征及盆地演化[M]. 北京:科学出版社,2000.

[21] 黄继钧. 藏北羌塘盆地构造特征及演化[J]. 中国区域地质, 2001,20(2):178 - 186.

[22] 黄继钧, 伊海生, 林金辉. 羌塘盆地构造特征及油气远景初步分析[J]. 地质科学,2003,39(1):1 - 10.

[23] 吴瑞忠, 胡承祖, 王成善, 等. 藏北羌塘地区地层系统[A]. 地质矿产部青藏高原地质文集编委会. 青藏高原地质文集(9)[C]. 北京:地质出版社,1985,1 - 32.

[24] 王成善, 胡承祖, 吴瑞忠, 等. 西藏北部查桑 - 茶布裂谷的发现及其地质意义[J]. 成都地质学院学报, 1987,14(2):33 - 46.

[25] Sengor A M C. Plate tectonics and orogenic research after 25 years: A Tethyan perspective[J]. Earth Sci. Rev., 1990, 27: 1 - 201.

[26] Kapp P, Yin A, Manning C E, et al. Blueschist - bearing metamorphic core complexes in Qiangtang block reveal deep crustal structure of northern Tibet[J]. Geology, 2000, 28(1): 19 - 22.

[27] 尹福光. 羌塘盆地中央隆起性质与成因[J]. 大地构造与成矿, 2003, 27(2):143 - 146.

[28] Kapp P, Yin A, Manning C E, et al. Tectonic evolution of the early Mesozoic blue schist bearing Qiangtang metamorphic belt, central Tibet[J]. Tectonics, 2003, 22(4): 1043.

[29] 李才, 程立人, 胡克, 等. 西藏龙木错 - 双湖古特提斯缝合带研究[M]. 北京: 地质出版社,1995.

[30] 李才, 翟庆国, 陈文, 等. 青藏高原羌塘中部榴辉岩 Ar - Ar 定年[J]. 岩石学报, 2006b, 22(12): 2843 - 2849.

[31] 李才, 翟庆国,陈文, 等. 青藏高原龙木错 - 双湖板块缝合带闭合的年代学证据——来自果干加年山蛇绿岩与流纹岩 Ar - Ar 和 SHRIMP 年龄制约[J]. 岩石学报, 2007, 23(5): 911 - 918.

[32] 李才, 翟庆国, 董永胜, 等. 青藏高原羌塘中部榴辉岩的发现及其意义[J]. 科学通报, 2006a, 51(1): 70 - 74.

[33] 李才, 王天武, 杨德明, 等. 西藏羌塘中央隆起区物质组成与构造演化[J]. 长春科技大学学报, 2001, 31(1): 25 - 31.

[34] 李才. 龙木错 - 双湖 - 澜沧江板块缝合带与石炭 - 二叠纪冈瓦纳北界[J]. 长春地质学院学报, 1987,17(2):155 - 166.

[35] Hening A. Eur Petrographic and Geologie Von Sudwest Tibet. Southern Tibet[J]. Noratet, 1995, 5: 220.

[36] 胡克，李才，程立人，等. 西藏冈玛错 - 双湖蓝片岩带及其构造意义[J]. 长春地质学院学报，1995，25(3)：268 - 2741.

[37] 呙中平，邓万明. 藏北茶布 - 茶桑地区“蓝闪石片岩”中角闪石的成因及其构造意义[A]. 见：青藏项目专家委员会编. 青藏高原形成演化、环境变迁与生态系统研究学术论文年刊(1995)[C]. 北京：科学出版社，1996，56 - 64.

[38] 鲍佩声，肖序常，王军，等. 西藏中北部双湖地区蓝片岩带及其构造涵义[J]. 地质学报，1999，73(4)：302 - 315.

[39] 邓希光，丁林，刘小汉，等. 藏北羌塘中部冈玛日 - 桃形错蓝片岩地发现[J]. 地质科学，2000，35(2)：227 - 232.

[40] 邓希光，丁林，刘小汉，等. 青藏高原羌塘中部蓝片岩的地球化学特征及其构造意义[J]. 岩石学报，2002，18(4)：517 - 525.

[41] 李春昱. 试谈板块构造[J]. 西北地质科技情报(西北地质科学研究所)，1973，第一期(增刊)：1 - 26.

[42] Dobretsov N L. Blueshists and eclogites: a possible plate tectonic mechanism for their emplacement from the upper mantle[J]. Tectonophysics, 1991, 186: 253 - 268.

[43] 刘增乾，徐宪，潘桂棠，等. 青藏高原大地构造及形成演化[M]. 北京：地质出版社，1990.

[44] 任纪舜主编. 中国及邻区大地构造图[M]. 北京：地质出版社，1997.

[45] 和钟铧，杨德明，李才. 藏北羌塘盆地褶皱形变研究[J]. 中国地质，2003，30(4)：357 - 360.

[46] 罗照华，莫宣学，侯增谦，等. 青藏高原新生代形成演化的整合模型 - 来自火成岩的约束[J]. 地学前缘，2006，13(4)：196 - 211.

[47] 赵政璋，李永铁，王岫岩，等. 羌塘盆地南部海相侏罗系古油藏例析[J]. 海相油气地质，2002，7(3)：34 - 36.

[48] 赵政璋，李永铁，叶和飞，等. 青藏高原羌塘盆地石油地质[M]. 北京：科学出版社，2000，19 - 34.

[49] 赵文津，薛光琦，吴珍汉，等. 西藏高原上地幔的精细结构与构造 - - 地震层析成像给出的启示[J]. 地球物理学报，2004(b)，47(3)：449 - 458.

[50] 赵文津，薛光琦，赵逊，等. INDEPTH - Ⅲ地震层析成像 - - 藏北印度岩石圈俯冲断落的证据[J]. 地球学报，2004(a)，25(1)：1 - 10.

[51] 赵文津，赵逊，蒋忠惕，等. 西藏羌塘盆地的深部结构特征与含油气远景评价. 中国地质，2006，33(1)：1 - 13.

[52] 秦国卿，陈九辉，刘大建，等. 昆仑山脉和喀喇昆仑山脉地区的地壳上地幔电性结构特征[J]. 地球物理学报，1994，37(2)：193 - 199.

[53] 金胜，叶高峰，魏文博，等. 青藏高原西缘壳幔电性结构与断裂构造：札达 - 泉水湖剖面大地电磁探测提供的依据[J]. 地球科学，2007，32(4)：474 - 480.

[54] 马晓冰，孔祥儒，于晟. 青藏高原西部大地电磁测深结果[J]. 科学通报，1997，42(11)：1185 - 1187.

[55] 孔祥儒，王谦身，熊绍柏．青藏高原西部综合地球物理与岩石圈结构的研究[J]．中国科学(D辑)，1996，26(4)：308－315.

[56] 孔祥儒，王谦身，熊绍柏．青藏高原西部综合地球物理与岩石圈结构与动力学[J]．科学通报，1999，44(12)：1257－1265.

[57] 张胜业，魏胜，王家映，等．西藏羌塘盆地大地电磁测深研究[J]．地球科学，1996，21(1)：198－202.

[58] 鲁兵，李永铁，刘忠，等．青藏高原的盆地形成与分类[J]．石油学报，2000，21(2)：21－26.

[59] 鲁兵，刘池洋，刘忠，等．羌塘盆地的基底组成、结构特征及其意义[J]．地震地质，2001，23(4)：581－587.

[60] 郭新峰，张元丑，程庆云，等．青藏高原亚东－格尔木地学断面岩石圈电性研究[J]．中国地质科学院院报，1990，21：191－202.

[61] 谭捍东，姜枚，吴良士．青藏高原电性结构及其对岩石圈研究的意义[J]．中国地质，2006，33(4)：906－911.

[62] 魏文博，金胜，叶高峰，等．藏北高原地壳及上地幔导电性结构－超宽频带大地电磁测深研究结果[J]．地球物理学报，2006，49 (4)：1215－1225.

[63] 贺日政．青藏高原近南北向裂谷的岩石圈结构及其动力学过程[D]．北京:中国地质科学院，2003.

[64] 贺日政，高锐，郑洪伟，等．青藏高原中西部航磁异常的匹配滤波分析与构造意义[J]．地球物理学报，2007，50(4)：1131－1140.

[65] 郑洪伟，孟令顺，贺日政．青藏高原布格重力异常匹配滤波分析及其构造意义[J]．中国地质，2010，37(4)：995－1001.

[66] Molnar P. A review of geophysical constraints on the deep structure of the Tibetan plateau, the Himalaya and the Karakoram, and their tectonic implications[J]. Phi. Trans. R. Soc. Lond., 1988(A326): 33－88.

[67] McNamara D E, Owens T J, Walter W R. Observations of the regional phase propagation in the Tibetan plateau[J]. JGR, 1995, 100: 22215－22229.

[68] 张省举，董义国．青藏高原中东部1:100万区域重力调查及成果[J]．物探与化探，2007，31(5)：399－403.

[69] 耿涛．青藏高原狮泉河－康西瓦地区1:100万区域重力调查成果[J]．物探与化探，2007，31(5)：391－398.

[70] 康国发，高国明，白春华，等．青藏高原及邻区的地壳磁异常特征与区域构造[J]．中国科学(D辑)，2011，41(11)：1577－1585.

[71] 江民忠，王怀武．藏北羌塘盆地的航磁特征[J]．地质科技情报，2001，20(2)：95－99.

[72] 刘池阳，杨兴科，魏永佩，等．藏北羌塘盆地西部查桑地区结构及构造特征[J]．地质论评，2002，48(6)：593－602.

[73] 滕吉文，张中杰，万志超，等．羌塘盆地及周边地带地球物理场与油气深部构造背景初探[J]．地球物理学进展，1996，11(1)：12－27.

[74] 熊盛青, 周伏洪, 姚正煦, 等. 青藏高原中西部航磁概查[J]. 物探与化探, 2007, 31(5): 404 -407.

[75] 薛典军, 姜枚, 吴良士, 等. 青藏高原区域重磁异常的东西向分区及其构造地质特征[J]. 中国地质, 2006, 33(4): 912 -919.

[76] 苑守成, 于国明, 田黔宁. 青藏高原羌塘盆地重磁剖面异常与基底构造特征[J]. 地质通报, 2007, 26(6): 703 -709.

[77] 田黔宁, 耿涛, 杨汇群, 等. 青藏高原西部重力异常剖面拟合及其地质解释[J]. 地质通报, 2008, 27(12): 2108 -2116.

[78] 贾建秀, 王喜臣, 徐宝慈. 羌塘盆地那底岗日山前区的地球物理反演解释[J]. 世界地质,2008, 27(3): 284 -290.

[79] 王喜臣, 贾建秀, 徐宝慈. 羌坳陷石油地质走廊剖面重磁异常处理模拟及地质解释[J]. 吉林大学学报(地球科学版), 2008, 38(4): 685 -691.

[80] Zhao, W, Mechie J, Brown L D, et al. Crustal structure of the central Tibet as derived from project INDEPTH wide - angle seismic data[J]. Geophys. J. Int. , 2001, 145: 486 -498.

[81] Zhang Z J, Deng Y F, Teng J W, et al. An overview of the crustal structure of the Tibetan plateau after 35 years of deep seismic soundings[J]. Journal of Asian Earth Sciences, 2011, 40(4): 977 -989.

[82] 方立敏, 鲁兵, 刘池阳, 等. 羌塘盆地中部隆起的演化及其在油气勘探中的意义. 地质论评, 2002,48(3):279 -283.

[83] 卢占武,高锐,李秋生,等. 横过青藏高原羌塘盆地中央隆起区的深反射地震实验剖面[J]. 地球物理学报, 2009, 52(8): 2008 -2014.

[84] 卢占武, 高锐, 李永铁, 等. 青藏高原羌塘盆地基底结构与南北向变化 - -基于一条270km 反射地震剖面的认识[J]. 岩石学报, 2011, 027(11): 3319 -3327.

[85] 卢占武. 青藏高原羌塘盆地岩石圈结构及其对油气远景的影响[D]. 北京:中国地质科学院, 2006.

[86] 薛光琦, 宿和平, 钱辉,等. 地震层析对印度板块向北俯冲的认识[J]. 地质学报, 2006, 80(8): 1156 -1160.

[87] Wittlinger G, Masson F, Poupinet G, et al. Seismic tomography of northern Tibet and Kunlun: Evidence for crustal blocks and mantle velocity contrasts[J]. Earth and Planetary Science letters, 1996, 139: 263 -279.

[88] Wittlinger G, Vergne J, Tapponnier P, et al. Teleseismic imaging of subducting lithosphere and Moho offsets beneath western Tibet[J]. Earth and Planetary Science Letters, 2004, 221: 117 -130.

[89] 贺日政, 赵大鹏, 等. 西昆仑造山带下岩石圈地幔速度结构[J]. 地球物理学报, 2006, 49(3): 778 -787.

[90] 贺日政, 高锐, 侯贺晟, 等. 羌塘中央隆起带深部结构特征研究及其意义[J]. 地球物理学进展, 2009, 24(3): 900 -9008.

[91] 胥颐, 刘福田, 刘建华, 等. 中国大陆西北造山带及其毗邻盆地的地震层析成像[J]. 中

国科学(D 辑), 2000, 30(2): 113 - 122.

[92] 胥颐, 刘福田, 刘建华, 等. 中国西北大陆碰撞带的深部特征及其动力学意义[J]. 地球物理学报, 2001, 44(1): 40 - 47.

[93] 高锐, 黄东定, 卢德源, 等. 横过西昆仑造山带与塔里木盆地结合带的深地震反射剖面[J]. 科学通报, 2000, 45(17): 1874 - 187.

[94] 高锐, 吴功建. 青藏高原亚东 - 格尔木地学断面地球物理综合解释模型与现今地球动力学过程[J]. 长春地质学院学报, 1995, 25(3): 241 - 250.

[95] Kao H, Gao R, Rau R J, et al. Co - exitence of north and south - dipping structures beneath the western Tibet - Tarim region[J]. Geology, 2001, 29(7): 575 - 578.

[96] 苏伟, 彭艳菊, 郑月军, 等. 青藏高原及其邻区地壳上地幔 S 波速度结构[J]. 地球学报, 2002, 23(3): 193 - 200.

[97] 裴顺平, 许忠淮, 汪素云. 中国及邻区 Pn 波速度结构成因探讨[J]. 地震学报, 2004, 26(1): 1 - 10.

[98] 瞿辰, 朱介寿, 蔡学林. 青藏地区面波高分辨率层析成像[J]. 物探与化探, 2003, 27(1): 73 - 78.

[99] 周兵, 朱介寿, 秦建业. 西藏高原及邻近区域的 S 波三维速度结构[J]. 地球物理学报, 1991, 34(4): 426 - 441.

[100] 朱介寿, 蔡学林, 曹家敏, 等. 中国及相邻区域岩石圈结构及动力学意义[J]. 中国地质, 2006, 33(4): 793 - 803.

[101] 丁志峰, 何正勤, 吴建平, 等. 青藏高原地震波三维速度结构的研究[J]. 中国地震, 2001, 17(2): 202 - 209.

[102] 王椿镛, 楼海, 吕智勇, 等. 青藏高原东部地壳上地幔 S 波速度结构 - 下地壳流的深部环境[J]. 中国科学 D 辑, 2008, 38(1): 22 - 32.

[103] Mathias Obrebski, Richard M A, Zhang F X, et al. Shear wave tomography of China using joint inversion of body and surface wave constrains[J]. Journal of Geophysical Research, 2012, 117, B01311.

[104] Yang Y J, Yong Z, John C, et al. Rayleigh wave phase velocity maps of Tibet and the surrounding regions from ambient seismic noise tomography[J]. Geochemistry Geophysics Geosystems, 2010, 11(8).

[105] Griffin J D, Nowack R L, Chen W P, et al. Velocity Structure of the Tibetan Lithosphere: Constrains from P - Wave Travel Times of Regional Earthquakes[J]. Bulletin of Seismological Society of America, 2011, 101(4): 1938 - 1947.

[106] Nowack R L, Chen W P, Tseng T L. Application of Gaussian - Beam Migration to Multiscale Imaging of the Lithosphere beneath the Hi - CLIMB Array in Tibet[J]. Bulletin of the Seismological Society of America, 2010, 100(4): 1743 - 1754.

[107] Meissner R, Tilmann F, Haines S. About the lithospheric structure of central Tibet, based on seismic data from the INDEPTH - III profile[J]. Tectonophysics, 2004, 380:1 - 25.

[108] 钱辉, 姜枚, Chen W P, 等. 青藏高原吉隆 - 鲁谷(Hi - Climb)层析成像与引藏碰撞的消

减作用[J]. 地球物理学报, 2007, 50(5): 1427 - 1436.

[109] Chen W P, Özalaybey S. Correlation between seismic anisotropy and Bouguer gravity anomalies in Tibet and its implications for lithospheric structures[J]. Geophysical Journal International, 1998, 135: 93 - 101.

[110] Chen W P, Hung S H, Tseng T L, et al. Rheology of the continental lithosphere: Progress and new perspectives[J]. Gondwana Research, 2012, 21: 4 - 18.

[111] Chen W P, Martin M, Tseng T L, et al. Shear - wave birefringence and current configuration of converging lithosphere under Tibet[J]. Earth and Planetary Science Letters. 2010, 295: 297 - 304.

[112] Hung S H, Chen W P, Chiao L Y, et al. First multi - scale, finite - frequency tomography illuminates 3 - D anatomy of the Tibetan Plateau[J]. Geophysical research letters, 2010, 37, L06304.

[113] Hung S H, Chen W P, Chiao L Y. A data - adaptive, multi - scale approach of finite - frequency, travel - time tomography with special reference to P - and S - wave data from central Tibet[J]. Journal of Geophysical Research 2011,116, B06307.

[114] Tilmann F, Ni J, INDEPTH III Seismic Team. Seismic imaging of the down welling Indian lithosphere beneath central Tibet[J]. Science, 2003, 300: 1424 - 1427.

[115]许志琴, 姜枚, 杨经绥, 等. 青藏高原的地幔结构: 地幔羽、地幔剪切带及岩石圈俯冲板片的拆沉[J]. 地学前缘, 2004, 11(4): 329 - 343.

[116] 许志琴, 杨经绥, 姜枚. 青藏高原北部的碰撞造山及深部动力学 - - 中法地学研究新进展[J]. 地球学报, 2001, 22(1): 5 - 10.

[117] 周华伟, Murphy A M, 林清良. 西藏及其周围地区地壳、地幔层析成像 - - 印度板块大规模俯冲于西藏高原之下的证据[J]. 地学前缘, 2002, 9(4): 285 - 292.

[118] Kumar P, Yuan X H, Rainer, et al. Imaging the colliding Indian and Asian lithospheric plates beneath Tibet[J]. JGR,2006,111, B06308.

[119] Zhao J M, Yuan X H, Liu H B, et al. The boundary between the Indian and Asian tectonic plates below Tibet[J]. PNAS, 2010.

[120] 郑洪伟. 青藏高原地壳上地幔三维速度结构及其地球动力学意义[D]. 北京:中国地质科学院, 2006.

[121] 郑洪伟, 李廷栋, 高锐, 等. 印度板块岩石圈地幔向北俯冲到羌塘地体之下的远震 P 波层析成像证据[J], 地球物理学报, 2007, 50(5): 1418 - 1426.

[122] He R Z, Zhao D P, Gao R, et al. Tracing the Indian lithospheric mantle beneath central Tibetan Plateau using teleseismic tomography[J]. Tectonophysics, 2010, 491: 230 - 243.

[123] Tian X B, Wu Q J, Zhang Z J, et al. Identification of multiple reflected phases from migration receiver function profile: An example for the INDEPTH - III passive teleseismic P waveform data[J]. Geophysical Research Letters, 2005,32(L08301).

[124] Tian X B, Wu Q J, Zhang Z J, et al. Joint imaging by telescismic converted and multiple waves and its application in the INDEPTH - III passive seismic array[J]. Geophysical

Research Letters, 2005, 32(L21315).

[125] Zhao D. New advances of seismic tomography and its applications to subduction zones and earthquake fault zones: A review[J]. The Island Arc, 2001, 10: 68 – 84.

[126] 杨文采, 李幼铭, 等. 应用地震层析成像[M]. 地质出版社, 1993.

[127] Zhao D, Kanamori H. P wave image of the crust and uppermost mantle in Southern California [J]. Geophysical Research Letters, 1992, 19(23): 2329 – 2332.

[128] 张风雪, 李永华, 吴庆举, 等. FMTT 方法研究华北及邻区上地幔 P 波速度结构[J]. 地球物理学报, 2011, 54(5): 1233 – 1242.

[129] 张风雪, 吴庆举, 李永华, 等. FMM 射线追踪方法在地震学正演和反演中的应用[J]. 地球物理学进展, 2010, 25(4): 1197 – 1205.

[130] 张风雪. 有限频体波走时层析成像及其在华北地区的应用[D], 北京:中国地震局地球物理研究所, 2011.

[131] Kennett B L N, Engdahl E R. Traveltimes for global earthquake location and phase identification[J]. Geophys. J. Int. 1991, 105: 429 – 465.

[132] Thurber C H, Ellsworth W L. Rapid solution of ray tracing problems in heterogeneous media [J]. Bull. Seismol. Soc. Am., 1980,70(4): 1137 – 1148.

[133] Thurber C H. Earthquake locations and three – dimensional crustal structure in the Coyote Lake area, central California[J]. J. Geophys. Res., 1983, 88: 8226 – 8236.

[134] Engdahl E R, D Gubbins. Simultaneous travel time inversion for earthquake location and subduction zone structure in the central Aleutian islands[J]. J. Geophys. Res., 1987, 92: 13855 – 13862.

[135] Paige C C, Saunders M A. Algorithm 583 LSQR: Sparse linear equations and least squares problems[J]. ACM Trans. Math. Softw. 1982b, 8(2): 195 – 209.

[136] Paige C C, Saunders M A. LSQR: An algorithm for sparse linear equations and sparse least squares[J]. ACM Trans. Math. Softw., 1982a,8(1): 43 – 71.

[137] 成谷, 马在田, 耿建华, 等. 地震层析成像发展回顾[J]. 勘探地球物理进展, 2002, 25(3): 6 – 12.

[138] 成谷, 马在田, 张宝金, 等. 地震层析成像中存在的主要问题及应对策略[J]. 地球物理学进展, 2003, 18(3): 512 – 518.

[139] 成谷, 张宝金. 反射地震走时层析成像中的大型稀疏矩阵压缩存储和求解[J]. 地球物理学进展, 2008, 23(3): 674 – 680.

[140] 杨文采, 杜剑渊. 层析成像新算法及其在工程检测上的应用[J]. 地球物理学报, 1994, 37(2): 239 – 244.

[141] Bathe K J, Ramaswamy S. An accelerated subspace iteration method. Comp. Meths. Appl. Mech[J]. Eng., 1980, 23: 313 – 331.

[142] Rawlinson N, Kennett B L N, Heintz M. Insights into the structure of the upper mantle beneath the Murray Basin from 3D teleseismic tomography Australian[J]. Journal of Earth Sciences, 2006a, 53: 595 – 604.

[143] Rawlinson N, Kennett B L N. Rapid estimation of relative and absolute delay times across a network by adaptive stacking[J]. Geophys. J. Int., 2004, 157: 332 - 340.

[144] Rawlinson N, Kennett B L N. Teleseismic tomography of the upper mantle beneath the southern Lachlan Orogen, Australia[J]. Phys. Earth Planet. Inter., 2008, 167: 84 - 97.

[145] Rawlinson N, Reading A M, Kennett B L N. Lithospheric structure of Tasmania from a novel form of teleseismic tomography[J]. J. Geophys. Res., 2006b, 111: B02301.

[146] Rawlinson N, Sambridge M. Seismic traveltime tomography of the crust and lithosphere[J]. Advances in Geophysics, 2003, 46: 81 - 197.

[147] 姚姚. 地球物理非线性反演模拟退火法的改进[J]. 地球物理学报, 1995, 38(5): 643 - 650.

[148] 刘启元, Rainer Kind, 李顺成. 接收函数复谱比的最大或然性估计及非线性反演[J]. 地球物理学报, 1996, 39(4): 500 - 511.

[149] 艾印双, 刘鹏程, 郑天愉. 自适应全局混合反演[J]. 中国科学(D辑), 1998, 28(2): 105 - 110.

[150] 杨国辉. 菲涅耳体旅行时层析成像方法及应用研究[D]. 厦门: 厦门大学, 2009.

[151] 莘海亮. 地震层析成像技术方法研究[D]. 兰州: 中国地震局兰州地震研究所, 2008.

[152] Aki K, Christoffersson A, Husebye E. Determination of the three - dimensional seismic structure of the lithosphere[J]. JGR, 1977, 82: 277 - 296.

[153] Aki K, Lee W. Determination of three dimensional velocity anomalies under a seismic array using first P arrival times from local earthquakes, 1. Homogeneous initial model[J]. Journal of Geophysical Research, 1976, 81(23): 4381 - 4399.

[154] Dziewonski A, Gilbert F. The effect of small aspherical perturbations on travel times and a re - examination of the corrections for ellipticity[J]. Geophys. J. R. Astron. Soc. 1976, 44: 7 - 17.

[155] Dziewonsik A, Hager B, O'connell R. Large - scale heterogeneities in the lower mantle[J]. JGR, 1977, 82: 239 - 255.

[156] Dziewonski, A. M. Mapping the lower mantle: Determination of lateral heterogeneity in P - velocity up to degree and order 6, J. Geophys. Res., 1984, 89 (B7): 5929 - 5952.

[157] Bijwaard H, Spakman W, Engdahl E. Closing the gap between regional and global travel time tomograpy[J]. Journal of Geophysical Research, 1998, 103: 30055 - 30078.

[158] Roecker S, Sabitova T, Vinnik L. Three - dimensional elastic wave velocity structure of the western and central Tien Shan[J]. Journal of Geophysical Research, 1993, 98: 15779 - 15795.

[159] Zhao D, Hasegawa A, Kanamori H. Deep structure of Japan subduction zone as derived from local, regional, and teleseismic events[J]. JGR, 1994, 99(B11): 22313 - 22329.

[160] Zhao D, Hasegawa A, Horiuchi S. Tomographic imaging of P and S wave velocity structure beneath northeastern Japan[J]. JGR, 1992a, 97: 19909 - 19928.

[161] Zhao D, Kanamori H, Negishi H, et al., Tomography of the source area of the 1995 Kobe earthquake: Evidence for fluids at the hypocenter[J]. Science, 1996a, 274: 1891 - 1894.

[162] Zhao D, Kanamori H. The 1994 Northridge earthquake: 3 - D crustal structure in the rupture zone and its relation to the aftershock locations and mechanisms[J]. Geophys Res Let, 1995, 22: 763 - 766.

[163] Zhao D, Hasegawa A. P wave Tomographic Imaging of the Crust and Upper mantle beneath the Japan Islands[J]. JGR, 1993, 98(B3): 4333 - 4353.

[164] Zhao D, Lei J. Seismic ray path variations in a 3D global velocity model[J]. PEPI, 2004 (141): 153 - 166.

[165] Zhao D, Kanamori H, Hunphreys E. Simulataneous inversion of local and teleseismic data for the crust and mantle structure of southern California[J]. Physics of the Earth and Planetary Interiors, 1996b, 93: 191 - 214.

[166] Zhao D, Kanamori H. The 1992 Landers earthquake sequence: earthquake occurrence and structural heterogeneities[J]. Geophys Res Let, 1993, 20: 1083 - 1086.

[167] Sato T, Kosuga M, Tanaka K, Tomographic inversion for P wave velocity structure beneath the northeastern Japan arc using local and teleseismic data[J]. Joural of Geophysical Research, 1996, 101: 17597 - 17615.

[168] Sadeghi H, Suzuki S, Takenaka H. A two point, three - dimensional seismic ray tracing using genetic algorithms, Phys[J]. Earth Planet. Inter., 1999, 113: 355 - 365.

[169] Spencer C, Gubbins D. Travel - time inversion for simultaneous earthquake location and velocity structure determination in laterally varying media[J]. Geophys. J. R. Astr. Soc., 1980, 63: 95 - 116.

[170] Julian B R, Gubbins D. Three - Dimensional seismic ray tracing[J]. J. Geophys., 1977, 43: 95 - 113.

[171] Moser T J. Shortest path calculation of seismic rays[J]. Geophysics, 1991,56(1): 59 - 67.

[172]赵爱华, 张中杰, 王光杰, 等. 非均匀介质中地震波走时与射线路径快速计算技术[J]. 地震学报, 2000, 22(2): 151 - 157.

[173] 王辉, 常旭. 基于图形结构的三维射线追踪方法[J]. 地球物理学报, 2000, 43(4): 534 - 541.

[174] 张建中,陈世军,徐初伟. 动态网络最短路径射线追踪[J]. 地球物理学报, 2004, 47(5): 899 - 904.

[175] 张美根, 程冰洁, 李小凡, 等. 一种最短路径射线追踪的快速算法[J]. 地球物理学报, 2006, 49(5): 1467 - 1474.

[176] Vidale J. Finite - difference calculation of travel times[J]. Bull. Seismol. Soc. Am., 1988,78 (6): 2062 - 2076.

[177] 朱金明, 王丽燕. 地震波走时的有限差分算法[J]. 地球物理学报, 1992, 35(1): 86 - 92.

[178] 刘洪, 孟凡林, 李幼铭. 计算最小走时和射线路径的界面全局方法[J]. 地球物理学报, 1995, 38(6): 823 - 832.

[179] 赵改善, 郝守玲, 杨尔皓, 等. 基于旅行时线性插值的地震射线追踪算法[J]. 石油物

探, 1998, 37(2): 14 - 24.

[180] 鲁彬, 周立发, 孔省吾, 等. 迭代优化的网络最短路径射线追踪方法研究[J]. 地球物理学进展, 2009, 24(4): 1420 - 1425.

[181] 张东, 谢宝莲, 杨艳, 等. 一种改进的线性走时插值射线追踪算法[J]. 地球物理学报, 2009, 52(1): 200 - 205.

[182] Sethian J A. A fast marching level set method for monotonically advancing fronts[J]. Proc. Natl. Acad. Sci., 1996, 93: 1591 - 1595.

[183] Sethian J A, Popovici A. M. 3 - D traveltime computation using the fast marching method[J]. Geophysics, 1999, 64(2): 516 - 523.

[184] 郭彪, 刘启元, 陈九辉, 等. 川西龙门山及邻区地壳上地幔远震P波层析成像[J]. 地球物理学报, 2009, 52(2): 346 - 355.

[185] Popovici A. M., Sethian J. A. 3D imaging using higher order fast marching traveltimes. Geophysics, 2002, 67(2): 604 - 609.

[186] Humphreys E R, Clayton R W. Adaptation of back projection tomography to seismic travel time problems[J]. J. Geophys. Res., 1988, 93: 1073 - 1085.

[187] Leveque J, Rivera L, Wittlinger G. On the use of the checker - board test to assess the resolution of tomographic inversions[J]. Geophys. J. Int., 1993, 115: 313 - 318.

[188] Crotwell H P, Owens T J, Ritsema J. The Taup ToolKit: Flexible Seismic Travel - time and raypath utilities[J]. Seismological Research Letters. In Preperation.

[189] Hirn A, Diaz J, Sapin M, et al. Variation of shear - wave residuals and splitting parameters from array observations in southern Tibet. Pure Appl[J]. Geophys, 1998, 151: 407 - 431.

[190] Hirn A, Jiang M, Sapin M, et al. Seismic anisotropy as an indicator of mantle flow beneath the Himalayas and Tibet[J]. Nature, 1995,375: 571 - 574.

[191] Hirn A, Sapin M, Le'pine J C, et al. Increase in melt fraction along a south - north traverse below the Tibetan plateau: evidence from seismology [J]. Tectonophysics, 1997, 273: 17 - 30.

[192] Brown L, Zhao W, Nelson K, et al. Bright spots, structure, and magmatism in Southern Tibet from INDEPTH seismic reflection profiling[J]. Science, 1996, 274: 1688 - 1690.

[193] Huang W, Ni J, Tilmann F, et al. Seismic polarization anisotropy beneath the central Tibetan plateau[J]. J. Geophys. Res. 2000,105: 27,979 - 27,989.

[194] Rapine R, Tilmann F, West M, et al. Crustal structure of northern and southern Tibet from surface wave dispersion analysis[J]. J. Geophys. Res, 2003,108.

[195] Shapiro N M, Ritzwoller M H, et al. Thinning and flow of Tibetan crust constrained by seismic anisotropy[J]. Science, 2004, 305: 233 - 236.

[196] Zhang Z, Klemperer S L. West - east variation in crustal thickness in northern Lhasa block, central Tibet, from deep seismic sounding data[J]. J. Geophys. Res., 2005, 110, B09403.

[197] Li C, van der Hilst R, Toksoz M. Constraining spatial variations in P - wave velocity in the upper mantle beneath SE Asia[J]. Phys. Earth Planet. Inter. 2006, 154: 180 - 195.

[198] Haines S, Klemperer S L, Brown L, et al. Crustal thickening processes in central Tibet: implications of INDEPTH III seismic data[J]. Tectonics, 2003, 22: 1 – 18.

[199] Zhao L, Allen R M, Zheng T, et al. Reactivation of an archean craton: constraints from P and S – wave tomography in North China[J]. Geophys. Res. Lett., 2010, 36:L17306.

[200] Zhao A, Zhang Z, Teng J. Minimum travel time tree algorithm for seismic ray tracing: improvement in efficiency[J]. J. Geophys. Eng., 2004, 1: 245 – 251.

[201] Ross A R, Brown L D, Pananont P, et al. Deep reflection surveying in central Tibet: lower – crustal layering and crustal flow[J]. Geophys. J. Int., 2004, 156: 115 – 128.

[202] 姜枚，许志琴，刘妍，等. 青藏高原及其部分领取地震各向异性如上地幔特征[J]. 地球学报，2001，22(2)：111 – 116.

[203] 吴功建，高锐，余钦范，等. 青藏高原"亚东 – 格尔木地学断面"综合地球物理调查与研究[J]. 地球物理学报，1991，34(5)：552 – 562.

[204] 侯贺晟，高锐，卢占武，等. 青藏高原羌塘盆地中央隆起带近地表速度结构的初至波层析成像实验[J]. 地质通报，2009，28(6)：738 – 745.

[205] 邹长桥，贺日政，张智. 藏北高原地震活动性特征及其大地构造意义[J]. 地球物理进展，2012，2012，27(2)：429 – 440.

[206] 闫升好，余金杰，赵以辛，等. 藏北美多锑矿带地质地球化学特征及其地球动力学背景探讨[J]. 地球学报，2004，25(5)：541 – 548.

图书在版编目(CIP)数据

羌塘中央隆起带壳幔结构及构造特征／张智等著.
—长沙：中南大学出版社，2020.4
ISBN 978-7-5487-4020-9

Ⅰ.①羌… Ⅱ.①张… Ⅲ.①羌塘高原—隆起带—地壳—研究 Ⅳ.①P548.2

中国版本图书馆 CIP 数据核字(2020)第 050190 号

羌塘中央隆起带壳幔结构及构造特征

QIANGTANG ZHONGYANG LONGQIDAI QIAOMAN JIEGOU JI GOUZAO TEZHENG

张智　徐涛　郭希　王敏玲　邹长桥　著

□**责任编辑**　刘小沛
□**责任印制**　易红卫
□**出版发行**　中南大学出版社
社址：长沙市麓山南路　　邮编：410083
发行科电话：0731-88876770　　传真：0731-88710482
□**印　　装**　长沙市宏发印刷有限公司

□**开　　本**　710 mm×1000 mm　1/16　□**印张** 5.25　□**字数** 102 千字
□**版　　次**　2020 年 4 月第 1 版　□2020 年 4 月第 1 次印刷
□**书　　号**　ISBN 978-7-5487-4020-9
□**定　　价**　35.00 元